소소한 일상의
물리학

The Physics of Everyday Things

제임스 카칼리오스 지음
정훈직 옮김

소소한 일상의 물리학

하 루 일 과 속 에 숨 겨 진 놀 라 운 과 학 원 리

와이즈베리
WISEBERRY

우리의 일상이

특별하다는 것을 내게 증명해준

제오프와 카미유 낸시

그리고 아우구스타 피터슨에게

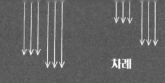

차례

제 **1** 장

하루의 시작

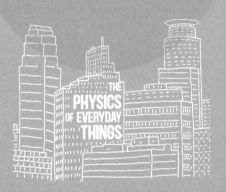

오전 6시 20분

◇◇◇◇◇◇◇◇

A는 아직 침대에서 자고 있다. 이제 하루를 시작해야 하는 순간이 점점 다가오고 있다. 오늘은 바쁜 하루가 될 것이다. 오전에 병원에 잠시 들렀다가 바로 비행기를 타고 다른 도시로 이동해서 비즈니스 프레젠테이션을 해야 하기 때문이다. 한쪽 벽에는 할머니가 선물해주신 구식 괘종시계가 걸려 있다. 작은 추가 리듬을 타듯 움직이면서 마음을 진정시켜 주기라도 하듯 똑딱 소리를 내고 있다. A는 스마트폰 알람에 놀라 잠에서 깨어나지만, 실제로 하루의 시작은 청각이 아닌 후각으로 출발한다. 어젯밤 A는 스마트폰 **알람**이 울리기 10분 전에 커피메이커가 커피를 끓이도록 타이머를 설정해 놓았다. 방에는 이내 향긋한 커피 향이 퍼지고, A는 꿈틀거리며 몸을 일으키기 시작한다.

◇◇◇◇◇◇◇◇

여기서 구식 벽시계와 커피메이커 타이머의 기본 원리는 바로 진자의 물리적 운동이다. 이 원리는 A가 하루를 시작하면서 사용하는 다른 기기에서도 중요한 역할을 담당한다. 진자는 끈이 달린 간단한 장치로, 한쪽 끝은 고정되어 있고, 그 반대쪽에는 '추'가 달려 있다.[1] 추의 진동은 물리학에서 가장 중요한 개념 중 하나인 '에너지 보존의 법칙'을 눈으로 보여준다.

운동에너지는 위치에너지(물체에 작용하는 힘과 그 힘으로 물체가 움직일 수 있는 거리와 관련된 에너지)로만 전환될 수 있고, 그 반대 순서 역시 마찬가지다. 진자의 경우, 추를 들어 올리면 추의 위치에너지가 증가한다. 이는 (추를 아래로 당기고 있는) 중력을 거스르는 행동이다. 일단 추를 손에서 놓으면, 그것이 반원 모양의 호를 그리면서 위치에너지가 운동에너지로 전환된다. 추가 최고점까지 올라가면 그 순간 운동에너지는 다시 위치에너지로 전환된다. 손에서 놓고 더는 밀지 않으면, 추는 절대로 출발 지점보다 높은 곳까지 올라가지 못한다.

추가 움직이면서 한 주기를 끝내는 데 걸리는 시간의 길이는 추의 무게나 왕복운동 시작점의 높이와는 상관이 없다. 추를 높은 곳으로 끌어 올릴수록 이동하는 호의 길이가 길어지면서 호 아랫부분의 운동에너지가 커지며 속도도 빨라진다. 길어진 이동 거리와 빨라진 속도는 정확히 서로 상쇄되어 추가 올라가는 높이와 상관없이 한 주기를 끝내는 데 걸리는 시간이 같아진다. 그 시간을 결정하는 유일한 요인은 끈의 길이다(단, 진폭이 상대적으로 작은 경우에 한한다). 끈 길이 25센티미터 미만인 진자가 한 번 왕복운동 하는 데는 약 1초가 걸린다. 추가 진동함에 따라 그 운동에너지 일부는 주위 대기로 흩어지고, 추가 움직이는 경로 밖으로 대기 분자를 밀어낸다. 면밀하게 살펴보면, 대기 중에 증가한 운동에너지는 진자에서 감소한 전체 에너지의 양과 정확하게 일치한다는 사실을 알 수 있다. 바로 이 때문에 구식 벽시계는 주기적으로 태엽을 감아줘야만 한다.

커피메이커의 디지털 타이머 작동 원리도 진자와 비슷하다. 시간의 경과를 표시하려면 전력(모든 경우에 그렇듯이 초를 세는 일에도 에너지원이 있어야 한다)이 필요하고, 그 에너지를 규칙적으로 변화하는 주기로 전환하는 방법도 필요하다. 우선 커피메이커의 전원을 외부 전력망에 연결된 콘센트에 꽂는다. 그러면 발전소에서 전력을 생성하는 원리에 따라 유도되는 전류의 진동을 이용하여 타이머를 만들 수 있다.

전력 회사에서는 대형 자석의 양극 사이에서 전선 코일을 회전시킨다.[2] 교류 전류를 유도하는 방식을 이해하기 위해 단순한 진동 진자의 예를 다시 들어보자. 추의 표면에 있는 여분의 전자를 통해 끈 끝에 매달린 추에 전하가 있다고 가정해보자. 이 진자의 회전축에 마찰이 없고, 완벽한 진공 상태에서 진동하므로 대기 저항도 없다고 하더라도, 진자는 결국 느려져서 멈추게 될 것이다. 추의 에너지는 바로 전자기파로 이동했다. 전기장과 자기장의 심오한 대칭을 설명해주는 이 전자기파는 A가 오늘 하루를 보내는 내내 반복해서 활용될 것이다.

그림 1 **양전하를 띤 진자가 왕복운동을 하는 모습**

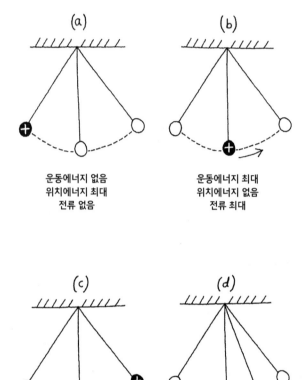

(a)

운동에너지 없음
위치에너지 최대
전류 없음

(b)

운동에너지 최대
위치에너지 없음
전류 최대

(c)

운동에너지 없음
위치에너지 최대
전류 없음

(d)

운동에너지 약간
위치에너지 약간
전류 변화

'전류'는 전하의 운동으로, 추가 왔다 갔다 진동하는 것과 마찬가지로 계속해서 변한다. 추가 가장 빠르게 움직이는 호의 맨 아래쪽에서는 전류가 많이 흐르고, 추가 순간적으로 정지하는 호의 가장 높은 곳에서는 전류가 흐르지 않는다. 움직이는 전하는 전류와 마찬가지로 자기장을 만들어낸다(이것을 암페어 법칙이라고 한다). 이때 전하가 빨리 움직일수록 자기장은 커진다. 계속해서 변화하는 전류를 만드는 진동 추는 동일한 정도로 변화하는 전기장을 만들어낸다. 이렇게 해서 변화하는 이 자기장은 변화하는 전기장을 만들어낸다(이것을 패러데이 법칙이라고 한다). 전기장과 자기장이 일정한 리듬으로 퍼져나가는 진동을 '전자기파'라고 하는데, 이는 진동하는 추와 진동수가 같다. 전자기파에는 에너지가 담겨 있으므로 이를 만들어 내려면 에너지가 소모된다.

이렇듯 추의 움직임으로 인한 에너지가 전자기파로 전환되므로, 전하를 띤 추의 진동은 천천히 정지하게 된다. 진자가 아주 빠르게(가령 1초에 1,000조 번) 왔다 갔다 진동하면 우리는 이런 전자기파를 눈으로 볼 수 있는데, 즉 전자기파는 가시광선으로 나타난다. 전력 회사는 자석의 양극 사이에서 회전하는 전선 코일을 이용하여 우리가 벽에 있는 콘센트를 통해 사용 가능한 전압을 만들어낼 때 이런 진동의 물리적 원리를 활용한다.

전력 회사가 제공하는 전압은 양전압에서 음전압으로 순조롭게 교대로 왔다 갔다 하면서 진자의 추가 진동할 때의 위치 변화와 수학적으로 동일한 파동을 가진다. 그리고 이는 전기가 생성되는 방식에서 나타나는 자연스러운 결과다(이런 이유로 우리가 이용하는 전력을 교류 전류Alternating Current라고 하며, 줄여서 AC로 표시하기도 한다). 발전소에서는 패러데이 법칙이라는 물리학 원리를 적용한다. 이 법칙은 변화하는 자기장이 어떻게 전압을 만들어 내는지 설명한다. 코일이 회전할 때 코일의 회전 영역을 뚫고 지나가는 자기장의 강도가 변하면서 전압이 생성되고 코일에 전류가 발생한다.*

여기서 코일을 아주 큰 지름을 가진 실타래라고 생각해보자. 코일의 회전 영역이 자석의 양극과 마주하고 있을 때는 자기장의 대부분이 코일을 통과하지만, 코일이 회전해서 자석과 직각이 되면 자기장이 코일의 회전 영역을 거의 통과하지 못한다. 회전 속도가 일정하면 진자 추의 운동처럼 시

---

* 코일을 회전시키는 데는 고압 증기를 사용한다. 고압 증기는 석탄, 천연가스, 생물자원 등을 태우거나 핵반응 에너지를 통해 물을 끓여서 만든다. 사용하는 연료가 무엇이든, 모든 발전소는 동일한 물리적 원리로 전기를 만들어낸다.

간이 지남에 따라 왔다 갔다 하며 자연스럽게 변화하는 전류가 생성된다. 일반적으로 코일은 1초에 60번 회전한다. 이 숫자는 생성되는 교류 전압의 진동수가 된다.

벽 콘센트에서 나오는 전압이 1초에 60번씩 자연스럽게 변화한다는 것은 곧 하나의 주기가 완료되는 데 걸리는 시간이 0.0167초에 불과하다는 의미다. 이 주기를 늦추기 위해 커피메이커의 타이머는 특수하게 설계된 칩을 사용해서[3] 라디오에 있는 주파수 변환기의 역할을 흉내 낸다.** 한 개의 칩은 들어오는 진동수를 10으로 나눠주므로, 1초에 60번 진동하는 전압파가 이제는 1초에 6번 진동하게 된다. 다른 칩은 진동수를 6으로 한 번 더 나눠주므로 초당 6번 주기의 주파수가 초당 한 번으로 줄어든다. 이렇게 느려진 전압 파동은 그 전압이 최대 양의 값positive value을 갖는 횟수를 계산하는 다른 칩으로 전송된다(이는 진동 추가 원래 출발점으로 얼마나 자주 되돌아오는지를 관찰하는 것과 같다). 이러한 '계산' 칩이 흘러가는 초를 확인하고, 여기에 약간의 회로망이 합쳐져서 이

** 이 칩은 첫 번째 신호에 두 번째 주파수를 추가함으로써 비트를 만들어낸다(이 과정을 '헤테로다인'을 발생시킨다고도 한다). 그 결과 진동은 두 개가 되는데, 하나는 두 진동을 합친 높은 주파수의 진동이고, 또 하나는 두 진동의 차이인 낮은 주파수의 진동이다. 이때 필터를 사용해서 낮은 주파수를 선택할 수 있다.

정보가 디지털 시계 화면에 나타날 수 있다. 커피메이커에 타이머를 설정하는 일은 칩이 이런 덧셈을 확인하도록 지시하는 것이고, 총합이 특정 값에 도달하면 전자 시스템의 다른 부분으로 또 다른 전압을 보내는 프로그램을 실행하는 것이기도 하다. 이 전압은 손으로 '켜기' 버튼을 누를 때 만들어진 것과 같은 것으로, 이제 커피 내리기가 시작된다.

커피메이커의 전원 코드를 콘센트에 꽂고 정확한 시간을 입력해야 시간을 측정하는 시스템이 시작된다. 커피메이커의 코드가 꽂혀 있지 않으면 이런 사전 설정은 없어진다. 그렇다면 전자 타이머가 벽에 있는 콘센트에서 나오는 외부의 교류 전원에 연결되어 있지 않을 때는 타이머가 어떻게 작동할까?

오전 6시 30분

◇◇◇◇◇◇◇

커피 향이 온 방에 퍼지고 아직 잠에서 덜 깬 A의 코를 자극한다. 커피메이커의 **타이머**를 설정하는 일 말고도 A는 어젯밤에 스마트폰 알람을 설정해 놓았다. 스마트폰 메모리칩에 저장된 멜로디가 재생되며 알람이 울린다. A는 시간을 확인하며 투덜댄다. 평상시보다 좀 이른 시간이기 때문이다. A는 '스누즈'('잠깐 자다'라는 의미로, 이 버튼을 누르면 일단 알람이 멈춘 뒤 잠시 후에 다시 울림 – 옮긴이) 버튼을 누르고 싶은 마음이 굴뚝같다. 하지만 커피 향을 맡으면서 침실 한구석에 있는 작은 여행 가방이 A의 눈에 들어온다. 오늘은 할 일이 많다는 사실을 떠올리며 억지로 침대에서 몸을 일으킨다. A가 왼발에 체중을 싣는 순간 살짝 움찔한다. 오늘은 병원에서 왼발을 검사받기로 마음먹는다.

◇◇◇◇◇◇◇

외부 전원이 연결되지 않은 장치에서 시간을 맞추는 문제는 오래전부터 고민거리였다.[4] 사실 그런 고민은 전기가 발명되기 전부터 있었다.[5] 구식 알람시계는 용수철을 사용해서 시계 면에 있는 두 바늘이 정해진 지점에 도달했을 때 지렛대가 뒤집혀서 또 다른 코일 모양의 용수철을 풀어주게 된다. 그러면 이 용수철은 두 개의 금속 뼈대 사이에 자명종 막대를 진동시켜서 죽은 사람도 깨울 정도로 큰 소리를 냈을 것이다. 스마트폰 알람은 그것보다는 소리도 약하고 잠을 깨우는 선율이 귀에 거슬리는 정도도 덜하지만, 작동 원리는 기본적으로 같다.

스마트폰에서는 압전 piezo-electric(어떤 종류의 결정판에 일정한 방향으로 압력을 가하면 결정판의 양면에 외력에 비례하는 양전하와 음전하가 나타나는 현상 - 옮긴이) 결정체라는 것이 알람시계에 있는 용수철을 대신한다. 그다음에는 발전소에서 전기를 만드는 원리와 마찬가지로 커피메이커의 타이머를 설정할 때 진자가 왔다 갔다 진동하면서 전류가 만들어지게 된다. 우선 용수철을 살펴보고 다음에 압전 결정체를 비교해보자. 용수철은 시간을 잘 맞춰주는 역할을 하는데 용수철에 가해지는 힘이 커질수록 그 반대 힘도 커지게 된다. 천장에 코일 형태의 용수철을 매달고 그 끝에 추를 매달아놓자. 용수철은 아래로 늘어질 것이다. 동시에 용수철에는 중력으로 인해 늘어진 용수철에 대립하면서 아래로 당기는 힘에 균형을 맞춰주는, 즉 위로 향하는 힘이 가해질 것이다. 추를 좀 더 아래로 당겼다가 놓으면 용수철에 의한 위로 향하는 힘이 아래로 향하는 추의 무게보다 커지고(용수철을 많이 당길수록 당기는 힘에 대립하는 힘은 커진다), 추는 올라가면서 원래 위치를 빠른 속도로 지나친다. 물체가 출발 지점을 지나쳐 올라가면 용수철은 압축되고, 이것이 눌린 힘에 반하여 아래로 내려가는 힘으로 다시 작용하며 추를 출발점 쪽으로 다시 밀어낸다. 이처럼 추는 주기적으로 오르고 내리기를 반복하는데, 이는 왔다 갔다 하는 진동 추와 벽에 있는 콘센트에서 나오는 교류 전류와 다를 바 없는 운동이다. 용수철의 고유 진동수는 용수철의 경직도와 끝에 매달린 물체의 질량에 의해 결정된다.

고체 상태에서 원자들을 묶어주는 힘은 바로 전기력이며, 이러한 힘은 원자가 특정 위치에 머무를 수 있도록 해준다. 만일 고체 상태의 이웃하는 원자가 서로 가까이 붙어 있으면 각각의 원자에서 나온 전자 상호 간에 서로 밀어내는 반발력이 생긴다. 고체상에 용수철이 부착되어 있을 때 그 원자를 붙들고 있는 화학결합을 예로 들어보자. 고체에서 원래 자리에 있는 원자를 밀어내면, 그것을 둘러싼 전자의 한쪽 편에서는 그 이웃 쪽으로 지나치게 가까이 다가갈 것이고, 반대쪽에서는 지나치게 멀어지게 될 것이다. 이로 인해 불균형한 힘이 만들어지고, 그 힘은 원자를 평형 상태 위치로 밀어낼 것이다. 원자가 결정체에서 원래 위치로 되돌아갈 때 그 힘은 감소하게 되지만, 운동에너지로 인해 원래 자리를 지나쳐서 다른 쪽의 이웃하는 원자에게로 이동하게 된다.

그 원자는 선호하는 위치 주위를 왔다 갔다 하며 진동하는데, 진폭은 고체의 온도에 의해, 진동수는 원자의 질량 그리고 고체에서 원자를 자리에 고정시키는 화학결합의 경직도에 의해 결정된다. 이러한 원자의 진동은 이 책의 독자들이 앉아 있는 의자든, 독자의 몸 안에서든 모든 고체에서 일어난다.

디지털 손목시계와 스마트폰처럼 시간을 기록하는 전자 장치는 특수한 진동자를 이용해서 시간을 맞춘다. 이 진동자는 코일 형태의 용수철보다 훨씬 정확하다. 그 진동자는 바로 수정 결정체다. 수정은 모래의 화학 성분인 이산화규소가 분자 단위로 이루어진 고체다. 수정 결정체에는 특이한 성향이 있다. 한 방향으로 눌리면 모든 전하가 일렬로 배열되어 그 결정체 길이만큼의 전기장을 만들어낸다. 이런 물질을 압전성 물질piezoelectric이라고 한다.[6] 여기서 'piezo'는 그리스어로 '짜내다' 혹은 '압박하다'란 뜻으로, 압전성 물질은 자신이 눌리면 전압이 발생하는 고체다. 특정한 물질과 결정구조에서는 고체의 두 면이 함께 밀리면 모든 원자가 꼭 맞는 방식으로 끼워 맞춰져서 큰 전기장이 만들어진다.

압전성 물질을 타이머 장치로 사용하기 위해서는 이 과정을 역으로 진행한다. 즉 고체 전체에 전압을 가하면 마치 외부의 힘에 의해 압축되듯이 여러 결정체 벽이 가깝게 당겨진다. 일단 전압이 방출되면 결정체는 팽창한 뒤에 고유 진동수로 진동하기 시작한다. 이 진동수는 결정체의 크기와 모양에 의해 결정되는데, 그 범위는 초당 수천 주기에서부터 수억 주기까지 높아질 수도 있다. 수정 결정체는 진동하면서 이와 동일한 고유 진동수의 전압을 발생시킨다. 이는 결정체의 진동을 유지하기 위한 피드백으로 사용될 수 있다. 주파수 분할기 칩은 수정 결정체의 높은 진동수를 초당 1주기로 낮춰준다. 커피메이커의 디지털 타이머와 마찬가지로 일단 사전 설정 시간에 도달하면 신호 전압이 다른 칩으로 전송된다. 이 두 번째 칩이 커피 내리기 과정을 시작하고, 스마트폰 안에서는 미리 선택된 음악을 재생하기 시작한다.

알람 기능 이외에도 스마트폰에서 타이밍은 매우 중요하다. 컴퓨터(이 글의 목적에 맞게 스마트폰은 작은 컴퓨터로 간주한다)가 실행하는 절차는 무엇이든 시간 속에서 존재한다. 이 과정에는 시작이 있고 종료가 있는데, 이는 한 곡의 음악과 다르지 않다. 하나의 곡에서 음표들은 원하는 효과를 달성하기 위해 정확한 시간에 적절한 순서로 연주되어야 한다. 예를 들어 교향악단이 성공으로 연주를 하려면, 현악 파트가 준비하는 동안 관악 파트가 다음 악장을 연주하는 것을 막아줄 좋은 지휘자가 필요하다. 이처럼 모두가 제 순서에 맞추어 실행되어야 하는 수백만 개의 트랜지스터, 논리소자, 메모리 소자가 있는 컴퓨터에서도 '지휘자'[7]가 필요하다. 이때 그 지휘자는 중앙처리장치 즉 CPU라는 칩이다. 수정 발진기의 도움을 받아, 나노초(10억분의 1초 – 옮긴이)보다 짧은 시간 내에 바뀌는 요소들을 조절해주기 위해[8] CPU는 아주 빠른 박자를 따라갈 수 있다.

오전 7시

◇◇◇◇◇◇◇

몸을 씻은 후에 A는 침대 맡 탁자에 있는 스마트폰을 들고 부엌으로 간다. 냉장고에서 베이글과 버터를 꺼내어 따뜻해지도록 조리대에 놓아둔다. 스마트폰에 미리 다운 받아놓은 팟캐스트를 찾아내어 하루를 시작할 준비를 하며 방송을 듣는다. 지금 듣는 팟캐스트는 스트라디바리우스와 동시대를 살았던 유명 바이올린 제작자를 소개하는 내용이다. 이 프로그램에는 그들이 만든 훌륭한 악기로 연주하는 여러 곡의 클래식 음악이 짧게 삽입되어 있다. 그 음악을 더욱 잘 듣기 위해 A는 스마트폰을 조리대 위에 있는, 작지만 꽤 고성능인 **스피커**에 연결한다.

◇◇◇◇◇◇◇

팟캐스트든 메모리에 저장된 음악이든 스마트폰으로 들으려면, 디지털 부호를 대기의 밀도(즉 기압)에 따라 변조되는 음파로 변환해야 한다. 음악을 저장하는 기술은 전기 시대 이전에도 있었다. 태엽을 감는 단순한 뮤직 박스는 곡의 일부를, 자동 피아노는 곡 전체를 연주할 수 있었다. 음원 정보를 저장하는 방법은 서로 크게 다르지만, 뮤직 박스와 자동 피아노, 스마트폰의 공통된 특성은, 음악을 들으려면 결국 대기에 진동이 있어야 한다는 점이다.

MP3 플레이어*에는 자동 피아노가 작동하는 방식과 유사한 디지털 명령 집합이 있다. 자동 피아노에는 여러 개의 구멍을 종이에 계획적으로 배열해서 어떤 건반을 쳐야 할지 자율적으로 명령하는 내부 작동 방식이 있다. 이 구멍의 위치와 간격에는 본질적으로 부호가 포함되어 있고, 이것이 자동 피아노의 작동 방식에 의해 판독이 되면 특정한 곡이 연주된다. 스마트폰에 저장된 디지털 정보도 실제로는 하나의 부호로서, 제대로 판독이 되면 전압 패턴을 만들어낸다. 이 전압은 스피커로 전달되면 특정한 선율의 음파로 변환된다. 스피커 안에는 진동이 가능한 막(아주 얇은 플라스틱판)이 있다. 이 막이 진동할 때의 진동수와 진폭에 따라 대기에 압력파가 발생하는데, 사람은 바로 이것을 듣게 된다.

그렇다면 전압은 어떻게 막의 기계적 진동으로 변환될까?[9] 이 과정에서 자석이 중요한 역할을 한다. 막에는 작은 코일이 붙어 있다. 전압을 이용해서 코일에 전류가 흐르게 하고, 전압의 변화는 전류에 반영된다. 앞에서 알아본 전류와 자기장의 대칭성을 이용하면, 이러한 전류 변화는 스피커의 막에서 기계적 진동으로 변환된다. 전류의 변화는 자기장

---

* 스피커에 전송되는 명령 집합에서 '1'과 '0'의 수를 최대한 줄여주는 소프트웨어의 약칭이다.

의 변화를 만들어낸다. 막에 있는 코일은 진동판 바로 아래의 영구자석 위에 놓여 있다. 전류가 시계 방향으로 흐를 때 만들어지는 자기장은 N극이 바깥쪽을 향하는데, 이는 영구자석의 N극 방향이기도 하다. 같은 극끼리는 서로 반발하므로 두 자석을 떨어뜨리는 힘이 생겨서 막은 바깥쪽으로 휘어진다. 전압의 방향이 반대가 되면 전류도 반대 방향(반시계 방향)으로 흐르고, 이렇게 생성된 자기장의 S극은 영구자석의 N극을 마주하게 된다. 반대되는 극끼리는 끌어당기므로 코일이 영구자석 방향으로 당겨져서 막은 안쪽으로 팽창한다. 전압의 진동수와 진폭 변화에 의해 막이 변조되고, 그 결과 음파가 만들어진다.

이어폰에서는 진동 막이 사람의 고막과 아주 가까운 곳에 있다. 전통적인 스테레오 시스템에서 스피커 막은 그 막의 진동을 증폭시키고 투사해주는, 폭이 넓어지는 큰 원뿔의 한가운데에 있다. 스마트폰의 스피커는 스마트폰 케이스 안에 있으므로 음악이 재생될 때 음질과 음량 면에서 손실이 일어난다(스마트폰 스피커에서 나오는 소리를 재빨리 증폭시키는 비교적 간단한 방법은, 그것을 크고 우묵한 그릇 바닥에 놓는 것이다. 그릇 재질이 나무라면 더욱 좋다. 이렇게 하면 음색이 풍부하고 깊어진다. 나무의 고유 주파수는 반사된 음파의 음질을 높여주므로 현악기 재료로 나무가 좋다[10]).

오전 7시 10분

A는 팟캐스트에서 흘러나오는 강렬한 음악에 빠져든다. 명연주자가 리듬에 맞추어 왔다 갔다 하며 활을 켜는 모습을 상상한다. 그 순간 A는 문득 아직도 이를 닦지 않았다는 사실을 깨닫는다. 그는 음량을 올리면서 화장실로 달려가 배터리 충전기 역할을 하는 플라스틱 거치대에서 **전동 칫솔**을 분리한다.

전동 칫솔은 칫솔모가 자동으로 움직이도록 충전 배터리에 연결된 작은 전기 모터를 이용한다. 배터리에 저장된 전기적 위치에너지를 회전하는 운동에너지로 전환하는 일은 우리가 일상에서 매일 마주치는 수많은 기술의 기초가 된다. 배터리에 의해 모터의 코일에는 전류가 흐른다. 코일은 작은 자석의 N극과 S극 사이에 위치한다. 전선의 전류가 만들어내는 자기장을 이 자석의 한쪽 극이 밀어내고 반대쪽 극은 당기므로 코일이 비틀어진다. 코일은 그 가운데를 관통하는 봉에 붙어 있으므로, 비틀어지는 순간 봉이 회전한다. 전환 방식을 영리하게 이용하면, 배터리의 직류 전류(DC, 벽 콘센트에서 나오는 교류 전류와 대비된다)가 반 바퀴를 돌 때마다 방향을 바꾸도록 만들 수 있다. 이에 따라 코일은 계속해서 고정 자석의 한쪽 극에 밀려나면서 반대쪽 극에 끌린다. 코일에 전류가 많이 흐를수록 반발력은 강해져서 코일은 더욱 빨리 회전한다. 중심에서 벗어난 봉을 통해서 전동 칫솔 내부 모터의 회전운동은 왕복운동으로 전환된다. 그러면 칫솔모는 진동하며 이를 닦아준다.

일부 전동 칫솔의 모터는 초당 수백 회의 속도로 도는데, 이 때문에 이를 닦을 때 윙윙거리는 소리가 난다. 전동 칫솔 중에는 진동수가 초당 160만 번이나 되는 것도 있다(다만 진폭은 매우 작다). 이런 고주파 진동은 (디지털 타이머에서 살펴본 것과 똑같은) 주파수 체배기와 (스마트폰의 타이머에서 발견되는) 압전 결정체를 사용하여 만든다.

전동 칫솔의 전기에너지는 배터리에서 생겨난다. 배터리는 화학반응을 이용하여 (전극이라는) 금속 봉에 양전하를 쌓아놓고, 또 다른 전극에 음전하를 쌓아놓는다. 이런 전하 차이로 인해 전류가 모터에 있는 코일을 관통한다(혹은 압전 결정체를 진동시킨다). 이 화학반응은 나중에는 전극에 더는 전하를 추가할 수 없는 지점까지 도달한다. 충전 배터리에서는 단자들을 가로지르는 전압이 가해져서 화학반응이 반대 방향으로 일어나게 된다. 배터리가 완전히 충전되면 정방향의 화학반응은 다시 전극을 계속 대전할 수 있게 되고, 배터리는 다시 작동할 준비를 마친다.

하지만 전동 칫솔의 배터리를 어떻게 전원에 연결할 수 있을까? 기기의 특성상 물과 가깝고, 심지어는 물속에 잠길 수도 있다.

대부분의 전동 칫솔에는 플라스틱 손잡이가 있다. 이 손잡이를 벽 콘센트에 연결된, 역시 순수 플라스틱인 원통형 충전기에 올려놓는다. 플라스틱은 전기 절연체다. 절연체에서는 각각의 원자에 있는 모든 전자가 원자를 붙들어놓는 데 온 힘을 기울이므로 외부 전압에 대한 반응으로 전류를 운반할 수 있는 전자는 하나도 없다. 그렇다면 충전기로부터 칫솔 손잡이에 이르는 플라스틱끼리의 연결이 어떻게 충전 배터리에 전기에너지를 공급할까? 변화하는 자기장이 전류를 만들어내는 방식을 설명해주는 물리적 원리와 동일한 원리에 의해 가능하다.

칫솔 충전기의 바닥 부분에 전선 코일이 있다. 이것이 벽 콘센트에 연결되면 교류 전류가 흐른다. 이 전류는 왔다 갔다 하는 진자의 움직임처럼 시계방향으로 흐르다가 반시계방향으로 흐르는 식으로 계속해서 방향이 바뀐다. 이 전류에 의해 만들어진 자기장도 계속 방향을 바꾸는데, 충전기의 맨 아래에서 먼저 N극이 밖으로 나오고, 그다음 반주기에는 S극이 밖으로 나온다. 전동 칫솔의 바닥에는 또 하나의 코일이 있어서 충전기의 자기장이 이 전선 고리의 회전 영역을 통과하도록 방향이 맞추어져 있다. 이 두 번째 코일을 통과하는 자기장은 그 힘과 방향이 늘 변화하므로, 발전소에서 전력을 만들어내는 방식과 동일하게 전류를 유도한다. 자기 유도 과정에 의해 활성화된 칫솔 코일의 전류는 교류에서 직류로 변환된 다음 칫솔의 배터리를 충전하는 데 사용된다. 직접 연결되지 않았음에도 첫 번째 코일을 흐르는 전류가 두 번째 코일에 전류를 유도하는 기기를 '변압기'라고 한다.[11] 변압기는 전동 칫솔의 배터리 충전 외에도 용도가 많다.

충전기의 코일이 전동 칫솔의 바닥에 있는 코일과 (실감개에 실이 감겨 있듯이) 감긴 횟수가 같고 차지하는 면적도 같다면, 칫솔 코일에 유도된 전류는 첫 번째 코일에 흐르는 전류와 같을 것이다(충전기 코일에 있는 자기장이 모두 칫솔 바닥에 있는 코일을 통과한다고 가정한다면 그렇다).

하지만 두 번째 코일이 감긴 횟수가 더 많거나 적으면, 유도된 전류는 첫 번째 코일보다 각각 많거나 적을 것이다.* 벽 콘센트에서 나오는 교류 전압의 최대치인 110볼트(미국의 표준 전압은 110볼트임 - 옮긴이)는 너무 높은 전압이므로, 칫솔의 배터리에 보낼 수 없다. 변압기는 전선의 전압을 높여서 전송 시의 전력 손실을 낮춘다거나 혹은 소형 가전 기기에서 사용하기 위해 전압을 낮추는 등 우리 일상에서 널리 이용된다.

---

* 수학적으로 설명하자면, 전력은 전류와 전압을 곱한 것과 같아서 두 번째 코일에 전류가 많다는 것은 전압이 낮다는 의미다(따지고 보면 에너지 보존의 법칙의 제약 때문에 시스템에 집어넣는 전력보다 많은 전력을 얻을 수는 없는 법이다).

오전 7시 20분

◇◇◇◇◇◇◇

다시 부엌으로 돌아온 A는 베이글을 반으로 자른다. 그러고는 하나씩 **토스터** 구멍에 넣고 레버를 누른다. 베이글을 받쳐주는 토스터의 용수철이 압축되고, 베이글은 토스터 안으로 들어간다. 토스터 안의 전선이 따뜻해지기 시작하더니 나중에는 빨갛게 빛난다. 버터는 아직 좀 단단해서 A는 버터 접시를 토스터 구멍 위에 올려놓는다. 열기 덕분에 버터는 부드러워지고, 빵에 바르기도 쉬워질 것이다.

◇◇◇◇◇◇◇

토스터 기술은 우리 할아버지들도 전혀 낯설지 않을 것이다. 토스터 안에 빵을 넣고 레버를 아래로 누르면 빵이 토스터 안으로 내려갈 뿐만 아니라, 전류가 빵 주위의 전선에 흐를 수 있게 해주는 회로가 켜지기도 한다. 30초 정도가 지나면 이 전선은 뜨거워지며 빨갛게 빛나기 시작한다. 토스터가 전기에너지를 어떻게 열과 빛으로 변환하는지를 이해하기 위해서는 열역학과 전자기학, 양자역학을 이해할 필요가 있다. 그저 토스트 한 장 굽는 일인데도.

토스터는 열역학 제1법칙을 이용한다. 이 법칙에 따르면, 어떤 폐쇄계든 그 계가 한 일과 흡수한 열의 총합은 변하지 않은 상태로 유지되어야 한다. 레버를 아래로 눌러서 회로를 닫으면 전류가 전선을 통과하고, 전선의 불완전한 특성 때문에 전류는 열로 변환된다. 금속 전선부터 이야기해보자. 어떤 물질이 전기를 잘 흐르게 하려면 자유롭게 움직일 수 있는 많은 전하가 필요하다. 따라서 이동하는 전자의 밀도가 높은 금속은 전류를 나르는 역할을 훌륭하게 하는 반면, 플라스틱이나 유리 같은 절연체의 전자는 모두 원자와의 화학 결합 때문에 꼼짝 못 하고 있다. 양자역학적 제약을 받는, 고체 원자의 배열과 세밀한 화학작용에 의해 어떤 물질이 절연체가 될지 전도체가 될지 결정된다.

토스터 전선은 대개 니켈과 크롬의 합금으로 만든다.[12] 두 금속 모두 전류가 통한다. 토스트가 빨리 되려면 전선이 전기를 잘 전도해야 한다. 하지만 너무 잘 전도해도 안 된다. 다른 결함이나 불완전성과 함께 서로 다른 금속인 니켈과 크롬이 전선 안에서 함께 혼합되어 원하는 만큼의 열을 발생시킬 수 있다.

토스터의 전선을 사람들이 많이 지나다니는 넓은 계단으로 비유해보자. 계단 아래쪽에서 빠져나가는 사람이 많을수록 인파의 흐름이 빨라진다. 이때 사람들을 아래로 이동할 수 있게 해주는 것은 계단의 가파른 정도 즉 전압이다. 따라서 급경사를 높은 전압으로 이해할 수 있는데, 이는 한 사람이 더욱 빠른 속도로 맨 아래 계단을 빠져나간다는 뜻이다. 그리고 계단 하나하나가 금속의 원자에 해당한다. 만일 사람들이 모두 줄을 서서 큰 집단을 이루어 일제히 한 계단씩 내려간다면 계단을 내려가기가 훨씬 쉬워진다. 맨 아래에서 한 줄이 빠져나갈 때 또 하나의 줄이 맨 위에서 다시 시작하는 식으로 계단 내려가기의 효율을 최대로 높일 수 있다.

하지만 현실의 계단(과 현실의 전선)은 그 정도로 한결같지는 않다. 계단 중간에 한 계단이 빠졌는데, 사람들이 그 위에 발을 디디려고 한 다음에야 그 사실을 알게 되었다고 해보자. 사람들은 우당탕 하며 크게 넘어질 것이고, 뒤에 오던 사람들과도 연이어 충돌할 것이다. 결국 사람들은 계단 위에 다시 올라서서 계속 걸어 내려가겠지만, 소요 시간이 늘어날 것이다. 이는 (토스터 전선의 사례에서) 곧 약한 전류를 의미한다.

토스터의 경우, 질서정연한 원자 배열의 이런 불완전함은 전선의 '저항'에서 비롯하는 특징이라고 할 수 있다. 짧고 굵은 전선에 비해 길고 가는 전선에 전류를 흐르게 하기가 힘든 것처럼, 기하학적인 여러 가지 원인이 저항을 높이기도 한다. 저항 때문에 성능이 크게 저하되는 기기도 있지만, 아침 식사를 만들 때만큼은 도움이 된다.

전선 원자의 불완전성으로 인해 흩어지는 전류는 운동에 너지를 불완전한 결함 부분으로 이동시켜서 그곳은 전보다 심하게 진동하게 된다. 이 진동은 줄 발열Joule heating로 알려 진 과정을 통해 인접한 원자로 퍼져서 전선에 있는 다른 원 자의 진동에너지를 증가시킨다. 다시 말해, 전선이 뜨거워진 다는 얘기다.* 전선은 그 저항이 클수록 뜨거워진다. 토스터 에 니켈-크롬 합금을 사용하는 이유는, 이것이 전류를 충분 히 흐르게 해주는 전도체이면서 저항까지 크다 보니 줄 발 열을 극대화할 수 있기 때문이다. 이동한 운동에너지가 맞이 하는 다른 결과는 결함 부분에 있는 원자의 진동이 아주 격 렬해져서 빛을 방출한다는 것이다. 이 때문에 토스터의 전선 에서 빛이 난다.

원자가 진동하면 전자는 용수철에 매달린 것처럼 왔다 갔 다 움직여서 원자 내부에서 변동하는 전류가 형성된다. 이 전류가 자기장을 발생시킨다. 전류의 강도와 방향이 계속 변 화함에 따라 자기장도 꾸준히 변화하고, 이 자기장이 전기장 을 만들어낸다. 이 둘이 합쳐지면 주기적으로 변동하는 전기 장과 자기장을 방출하는데, 이를 '빛'이라고 한다.

---

* 실내 난방기와 헤어드라이어에서도 같은 원리가 적용된다.

완벽하게 조리된 토스트를 만들어내기 위해 토스터 전선의 열(그 온도는 섭씨 500도가 넘을 수도 있다)은 전도와 적외선 복사를 통해 빵으로 전달된다. 전선과 충돌하는 공기 분자는 여분의 운동에너지 일부를 빵에(또는 토스터 위에 놓은 버터 접시에) 옮긴다. 빵 표면이 대략 150도가 되면 설탕과 전분이 화학반응을 일으켜서 갈색이 되고 향미와 질감이 변한다.[13] '토스트 설정' 손잡이는 사실 토스터 전선의 전류를 바꿔주는 가변 저항기다. 토스트가 타지 않도록 그 전에 전기 회로를 개방해서 이 과정을 중지시키려면, 타이머나 온도 센서를 이용한다.

오전 7시 30분

A는 버터가 녹기 직전에 버터 접시를 토스터 위에서 내린다. 얼마 후에 잘 구워진 베이글이 튀어 올라온다. 커피라도 마시며 쉬고 싶은 마음이 굴뚝같지만, 병원에 들러야 하는 일정이 있다. 오렌지 주스를 한 잔 따라 마시고 팟캐스트를 들으면서 아침 식사를 마친다. 전화기에서 일정 알림이 윙 소리를 내며 병원 예약이 한 시간 후에 예정되어 있다고 알려준다. A는 접시를 깨끗이 닦아내고 주스잔과 머그잔을 헹군 다음 식기세척기에 넣고, 오렌지 주스 병과 버터를 **냉장고**에 다시 넣는다.

열역학 제1법칙을 활용하는 토스터는 전선에 흐르는 전류가 열로 전환된다. 열역학 제2법칙에 따르면, 이 과정을 역으로 실행하는 데는 한계가 있다. 열역학 분야가 발전하는 과정에서는 우선 기본적 과학 원리를 연구한 다음 그 결과를 현실에 적용하는 표준 패러다임이 뒤집힌다.[14] 증기 엔진을 만든 사람은 그 원리도 잘 모른 채 만들어 현실에 이용했고, 원리는 나중에 엔진의 효율을 향상시키고자 하는 의지가 동기가 되어 발견되었다. 내연기관에서 휘발유 연소와 같이, 엔진은 열을 유용한 일로 변환해준다. 그런데 냉장고는 이와 반대로 시스템에서 열을 제거한다.[15] 즉 엔진을 거꾸로 돌리는 것이다.

냉장고는 사람이 입으로 후후 불어 뜨거운 커피를 식히는 것과 같은 원리로 내부 온도를 내린다. 이것이 바로 증발 냉각 방식이다. 아침에 마시는 커피 한잔의 온도가 섭씨 50도라고 가정해보자. 이 온도는 너무 뜨거워서 마시지 못할 정도다. 커피잔의 온도는 커피 분자의 평균 운동에너지를 측정한 것이다. 다시 말해 평균보다 운동에너지가 낮은 분자가 있고, 그보다 훨씬 높은 분자도 있다. 에너지가 넘치는, 일별레 같은 분자는 커피잔 위로 증기 구름을 형성하고, 액체 상태에서 기체 상태로 전환되는 데 충분한 운동에너지를 갖고 있다. 커피를 후후 부는 행동은 이런 높은 운동에너지를 가진 분자를 잔에서 밀어내서 이들이 액체 상태로 돌아와 그 에너지를 커피 안으로 다시 넣지 못하게 막는 것이다. 높은 에너지를 가진 분자가 커피 증발 시스템에서 제외되면 모든 분자의 평균 운동에너지는 전보다 작아지고, 따라서 커피 온도도 낮아진다.

냉장고도 기본적으로 이와 같은 원리로 작동한다. 다만, 커피 대신 다른 액체를 사용한다. 예전에는 프레온을 사용했지만,[16] 이제는 좀 더 친환경적인 테트라플루오로에탄tetrafluoroethane을 이용한다. 냉장고는 전기 모터가 돌아가면서 기계식 펌프를 작동시키는데, 이 펌프는 가는 금속관 속으로 냉각액이 지나가게 한다. 금속은 열을 잘 전도하고('자유 전자의 바다'는 전류뿐만 아니라 에너지도 나를 수 있다), 냉각액과 냉장고 벽면이 열 전달 면에서 서로 잘 연결되도록 해준다. 펌프는 냉각액이 팽창 밸브를 통과해서, 좁은 관에서 더 넓은 곳으로 가도록 보낸다. 이렇게 이동한 냉각액은 액체에서 증기 상태로 상전이가 일어난다. 액체를 기체로 변환하려면 액체에 에너지를 가해야 하는데(물 끓이기를 생각해보자), 그 에너지는 어디에서든 외부에서 끌고 와야 한다.* 커피 증기 구름은 증발하기 위해 나머지 커피액으로부터 운동에너지를 끌어오고, 테트라풀루오로에탄은 냉장고의 내부 열에너지를 끌고 온다. 냉각액은 s자 형으로 굽은 관을 통해 이동하는데, 이는 냉각액이 냉장고 벽과 접촉하는 표면적을 극대화하기 위한 것이다. 냉동실에서는 s자 형 관의 밀도가 더 높으므로 열기가 더 많이 나가게 된다.

---

* 이는 땀을 흘릴 때 사람 몸이 식는 원리이기도 하다. 땀은 증발했을 때만 식는데, 피부에서 에너지를 뽑아내 액체에서 증기 상태로 이전시켜 몸의 평균 운동에너지를 낮춘다. 푹푹 찌는 날에 대기가 수증기로 가득 차 있으면 이런 과정은 억제되어 우리 몸은 그만큼 효과적으로 식지 못한다. 따라서 물리학에서는 다음 문장이 진리다. 열기가 아니라 습도가 중요하다.

이렇게 냉장고 내에서 기체를 통해 열을 없애면, 그 기체를 어떻게 처리해야 할까? 냉장고를 계속 시원하게 유지하려면 펌프를 이용해서 그 기체를 액체로 다시 압축한다. 이 기체가 액체로 전환될 때, 앞에서 가져간 열을 다시 내놓는다. 폐쇄 순환 시스템인 냉장고에서는 이 열을 냉장고 뒷면으로 보내 냉장고의 내부로 돌아가지 않도록 한다. 사용자가 냉장고에서 원하는 온도에 이른 것을 온도 감지기가 인식하면 펌프는 꺼진다. 냉장실과 냉동실을 구분하는 부분에 열 누출 현상이 있긴 하지만, 기술과 재료 과학의 발전 덕분에 이 문제는 완화되어 왔다. 누군가 심오한 우주의 진리 같은 것을 생각한답시고 냉장고 문을 열어둔 채로 두면 냉장고 내부가 따뜻해질 것이다. 그러면 냉장고 압축기가 다시 작동하는 소리를 낼 것이다.

제2장

시내 운전

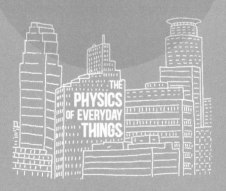

THE PHYSICS OF EVERYDAY THINGS

오전 8시

A는 엘리베이터를 타고 자신이 사는 건물의 차고로 내려간다. 차고 문에 있는 전자식 개폐 장치가 A의 스마트 키에 있는 송신기를 인식 하고 문을 열어준다. A가 새로 구입한 **전기·휘발유 하이브리드 자동차** 로 향하자 잠금장치가 자동으로 풀린다. A가 운전대 앞에 자리를 잡 고 앉자 자동차는 스마트 키를 감지해서 시동 버튼이 작동된다. 차고 문을 향해 운전하다가 잠시 속도를 늦추자 센서가 스마트 키를 인식 하고 문을 열어준다.

자동차는 본질적으로 위치에너지를 운동에너지로 전환 해주는 기계다. 내연기관에서 위치에너지는 휘발유 분자에 저장된 화학물질이고, 전기 자동차에서 위치에너지는 전기 화학 배터리에 있다. 하이브리드 자동차는 내연기관과 배터 리 동력 모터를 모두 이용해서 각 과정의 장점을 극대화하 고 약점을 최소화한다.[1] 휘발유 엔진은 연료 탱크 하나로 먼 거리를 이동할 수 있지만, 일반적으로 연비가 좋지 않고 유 해 물질을 배출한다. 전기 자동차는 깨끗하고 효율적이지만, 배터리의 에너지 밀도가 상대적으로 부족하므로 운행 거리 가 제한되어 있다. 일반적 조건에서 운전하는 경우라면, 아

제2장 시내 운전 · 45

주 작은 (따라서 연료 효율이 더 높은) 엔진으로도 충분하다. 하지만 이런 작은 엔진은 고속도로를 주행하거나 가파른 언덕을 오르는 데 필요한 힘을 충분히 공급하지는 못할 것이다. 이런 상황을 자주 겪는 것은 아니지만, 이에 대비하지 않는다면 치명적인 결과를 초래할 수 있다. 따라서 하이브리드 자동차는 충분한 추진력을 갖추기 위해 배터리를 동력으로 하는 전기 모터를 보조 에너지 공급원으로 활용한다. 그 결과 엔진 효율이 높아지고, 연비도 훨씬 좋아진다. 전기 모터의 도움을 받아 운행 거리나 가속 측면에서 손해를 보지 않아도 된다.

하지만 타이어를 구동시키는 에너지의 원천이 리튬 이온 배터리든지, 휘발유를 연료로 하는 내연기관이든지, 아니면 옛날 증기기관이든지는 중요하지 않다. 물리학자의 관점에서는 모든 자동차가 전기차이다.

보통 때 원자는 전기적으로 중립이다(양전하나 음전하를 띠지 않는다). 전기적으로 중립인 원자는 완벽한 조건이 갖춰지지 않는 한 다른 원자와 화학결합을 하지 않는다. 두 원자를 아주 가까이에 함께 놓으면 서로 전자 궤도가 겹칠 것이다. 음전하를 가진 전자끼리는 서로 밀어내서 두 원자는 분리된 채 고유한 상태를 유지한다. 두 원자가 결합해서 간단한 분자를 형성할 때마다 일어나는 이런 반발 현상을 극복하려면, 밀어내는 힘을 압도하는, 당기는 상호작용이 있어야 한다. 원자 사이의 모든 결합은 그것을 하나로 붙잡아주는 전기적 인력에 달려 있다. 휘발유 분자의 원자 사이의 결합은 공유결합이라고 하는데, 일반적으로 매우 강하다. 이 결합을 끊으려면 상당량의 에너지가 필요하다. 자동차 엔진 내의 연소 반응처럼, 이런 분자 조각이 다시 생성되면 비슷한 양의 대규모 에너지를 방출할 수 있다.

이온결합이라고 부르는 또 다른 종류의 화학결합은 배터리에 저장된 에너지의 근원이다. 일반 원자보다 전자가 적거나 많은 것을 '이온'이라고 부른다. 원자핵에 양전하를 띤 양자보다 음전하를 띤 전자가 적은 것이 '양이온'이고, 양자보다 전자가 많은 것이 '음이온'이다. 배터리는 이온을 사용하여 전압을 만들어내는 기기다. 대부분 배터리는 두 개의 금속 봉 사이를 이동하는 이온을 사용한다.[2] 이 봉은 전극이라고 하며, 일반적으로 산성(예를 들어 황산) 아니면 알칼리성(대표적으로 염화칼륨)* 첨가제 속에 있다. 이 첨가제는 한쪽 전극

---

* 원소주기율표 1열에 있는 리튬, 나트륨, 칼륨 등을 '알칼리성 금속'이라 하고, '알칼리 전지'는 이런 원소를 사용해서 이온의 이동을 용이하게 한다.

에 있는 원자의 전하를 없앰으로써 이온 형성을 촉진한다. 전극에 잘 맞는 금속과 화학첨가제를 통해 한쪽 봉에 음전하를, 다른 쪽 봉에 양전하를 쌓이게 할 수 있다. 첨가제에 있는 분리 장벽이 이런 이온을 양 전극에 붙잡아두어 이들이 첨가제를 통해 재결합하고 방출되는 것을 막는다. 이 전극들을 이어주는 전선이 연결되면, 전하 차이로 인해 전선에 있는 전자가 한쪽 전극의 음이온으로부터 밀려나 다른 쪽 전극의 양이온을 향해 움직인다. 이 결과 전선을 따라 전류가 흐른다. 이 전류는 전기 모터에 전력을 공급하는 것과 같이 기계 작업에 이용할 수 있다. 전극 간의 전하 밀도 차가 클수록 전선에 있는 전자를 밀어내는 힘이 커지고, 따라서 전류도 커져서 더욱 많은 일을 할 수 있다.

전기 회로에서 전류를 흐르게 하는 데 배터리를 사용하면 전극에 저장된 이온은 효과적으로 제거된다. 그러면 배터리 첨가제의 화학반응에 의해 전극에 음전하와 양전하가 계속 추가될 수 있다. 하지만 나중에는 첨가제의 반응 요소가 모두 사용되고, 배터리는 명시된 전압을 유지할 수 없게 되므로 '수명을 다한다.' 다행히도 오늘날 모든 전기차의 배터리는 충전식이다.

배터리의 또 다른 한계는, 금속 전극이 지니고 있을 수 있는 전하를 띤 이온이 얼마 안 된다는 점이다. (모두 음이거나 모두 양인) 유사 전하끼리는 서로를 밀어낸다. 따라서 전극에 이온이 많아질수록 반발력이 증가해서 나중에는 화학반응을 통해 전극에 이온이 추가로 붙는 일이 불가능해진다. 이는 자동차의 동력으로 배터리만을 사용하는 경우에 중대한 약점이 된다. 배터리에 있는 이온 에너지와 비교하면, 휘발유 분자 하나의 화학결합에 저장된 에너지가 훨씬 클 수 있다. 문제는 어떤 방법으로 그 에너지를 추출해서 타이어를 돌릴 수 있는가이다.

자동차의 표준형 내연기관에는 보통 실린더가 4~8개 있고, 실린더 맨 윗부분에 있는 구멍에 끼운 호스를 통해 다양한 화학 증기가 주입된다. 실린더에는 단단한 측벽, 고정된 윗부분, 미끄러지며 오르내릴 수 있는 아래 뚜껑(이를 '피스톤'이라고 한다)이 있다.* 연소 행정은 4단계로 이루어진다.[3] 1~2단계에서는 휘발유 증기와 산소를 실린더에 주입하고, 이어서 움직이는 피스톤이 위로 올라간 뒤 혼합 기체를 압축한다. 이때 높은 온도에서 작은 부피로 압축된 휘발유 분자

---

* 아래쪽이 고정된 뚜껑이고 위쪽이 움직이는 피스톤인 배치 형태도 있지만, 이로 인해 4행정의 원리가 바뀌지는 않는다.

와 산소 분자의 운동에너지는 높아지므로 이 분자들은 더욱 빠른 속도로 움직이며 뜨거워진다. 이 단계는 휘발유 분자가 산소와 반응해서 연소하는 직전 단계이다. 3단계는 점화 에너지의 주입으로 시작한다. 이때 점화 에너지는 점화 플러그의 불꽃 방전으로, 이를 통해 뜨거운 휘발유 증기가 점화된다. 그러면 휘발유 분자의 화학결합이 분리되어 새로운 결합이 형성되고, 화학 생성물의 운동에너지가 점화 이전보다 훨씬 높아진다. 이렇게 빨라진 분자는 실린더의 내부에 큰 압력을 가하게 되므로 피스톤이 아래로 내려가게 된다. 4단계에서는 기체(점화된 공기·휘발유 혼합물과 실린더에서 반응하지 않은 기체)가 또 다른 호스를 통해 배출되고, 실린더는 처음 위치로 되돌아간다.

이런 4단계 과정을 행정cycle이라고 한다. 우리가 자동차를 운전할 때 내연기관은 이 과정을 반복한다. 올라갔다 내려오는 피스톤 운동은 지능적인 기계적 연동을 통해 바퀴의 회전운동으로 전환된다. 이는 전동 칫솔에 적용되는 방식과 같다. 자동차에서는 피스톤 윗부분에 붙은 봉이 원반의 모서리에 부착된다. 봉이 위아래로 움직이면서 원반을 회전하게 하고, 이 회전이 타이어로 전달된다.

휘발유 연소를 통해 우리는 어떻게 에너지를 얻을까? 휘발유 분자는 (일반적으로 7~11개의) 공유결합한 탄소 원자를 팔찌에 구슬을 꿰듯 화학적으로 연결한 사슬로 구성된다.[4] 수소 원자가 그 사슬을 따라 각 탄소에 화학적으로 결합되어 있다. 원자가 물리적으로 하나씩 분리되었을 때보다 결합된 원자 집합의 에너지가 약할 때 분자는 안정적이다. 각각의 원자에 있는 전자의 양자역학적 작용으로부터 비롯된 이런 약한 결합 에너지는, 공유결합된 분자를 하나로 붙잡아준다. 결합 에너지보다 강한 에너지가 분자에 공급되면 그 결합이 풀리면서 그것을 구성하는 조각으로 갈라질 수도 있다. 이 분자 조각들은 후에 다른 원자와 반응해서 새로운 분자를 형성할 수 있다. 이 분자들은 독립된 원자 구성요소보다 에너지가 약할 것이고, 형성될 때 위치에너지가 약한 배치 형태로 바뀌면서 에너지 보존 법칙에 의해 화학 생성물의 속도가 빨라진다(즉 그 운동에너지가 높아진다). 화학 생성물의 이런 과도한 운동에너지 반응을 '열'이라고 한다. 서로 다른 분자는 연소를 통해 방출하는 운동에너지의 양도 다르다. 20세기 초에 4행정 내연기관이 증기기관과 전기 동력 자동차를 물리치고 결국 승리할 수 있었던 한 가지 이유는 휘발유가 동일한 질량을 기준으로 에너지 밀도가 가장 높은 수준이라는 점이다.

하이브리드 자동차 중에는[5] 전기 모터와 휘발유를 연료로 하는 엔진이 동시에 작동해서 타이어에 운동에너지를 주는 것이 있는 반면, 전기 모터가 자동차의 출발을 담당하고, 어느 정도 속도가 나면 내연기관이 대신하는 양자택일 방식을 사용하는 것도 있다. 휘발유 엔진이 배터리가 최대 능력을 유지하도록 발전기를 작동시키거나, 자동차에 브레이크가 걸릴 때마다 배터리를 충전하는 식이다. 후자의 경우, 타이어의 회전운동 에너지가 발전기로 전달되면 이 발전기가 배터리의 전하를 유지해준다. 어느 쪽이든 배터리는 절대 외부에서 충전될 필요가 없다.

오전 8시 20분

◇◇◇◇◇◇◇◇

A는 익숙한 길을 주행하기 시작한다. 출근할 때 습관적으로 이용하는 고속도로로 접어들려는 순간, 마침내 커피의 효력이 나타나면서 그제 야 오늘이 쉬는 날임이 생각난다. 목적지인 병원과 반대 방향으로 잘 못 가고 있어서 자동차 대시보드에 매립된 위치추적 시스템 즉 GPS를 켠다. 급하게 병원 주소를 입력하자 GPS는 금세 목적지로 가는 경로 를 단계별로 안내해준다. 고속도로에 합류하기 전에 주유소 몇 군데 를 연달아 지나쳤던 A는 주유소에 들러서 길을 묻지 않아도 되게 해 주는 이 첨단기술에 고마움을 느낀다.

◇◇◇◇◇◇◇◇

　GPS 기기는 인공위성과 통신해서[6] 나의 정확한 위치를 판단한다. 이 특수한 인공위성들은 지구 표면에서 약 2만 킬 로미터 상공의 중궤도에 있고, 지구를 한 바퀴 도는 데 12시 간 정도 걸린다. 지구 궤도를 공전하는 인공위성은 32개인 데,* 내가 지구상 어디에 있든지 그중 최소한 4개가 나의 무 선 통신 범위 내에 있다. 이 인공위성들은 주기적으로 시간 차를 두고 라디오파를 송신한다. 이 전파는 GPS와 같이 수신

---

* 　이는 미국의 GPS 시스템이며, 다른 나라와도 공유된다. 하지만 중국은 미국에 의존 하지 않으려고 최근에 자체 위치추적 인공위성망을 구축했다.

기능이 있는 모든 기기에 시간과 위치를 알려준다. GPS 기기는 이 신호를 받아서 인공위성이 메시지를 보낸 시간을 기준으로 각각의 신호가 도달하기까지 얼마나 시간이 걸렸는지 계산한다. 신호가 이동한 시간과 그 속도를 알고 있는(라디오파는 빛의 또 다른 형태일 뿐이므로 그 속도는 빛과 같다) GPS 기기는 그 인공위성과 다른 인공위성 두 개에서 받은 신호를 바탕으로 자신의 위치를 확인한다. 즉 GPS는 서로 다른 세 개의 인공위성을 이용해서 내 위치를 정확하게 집어낼 수 있다.* 일단 내 위치를 알게 되면 기기의 메모리에 저장된 지도 프로그램이 내가 가고 싶은 목적지에 이르는 경로를 안내한다.

신호의 시간이 정확할수록 위치 판단이 정확해진다. 빛의 속도는 아주 빠르므로 시간 측정에 작은 오류만 있어도 위치 포착에 큰 오차가 생길 수 있다. 인공위성처럼, 큰 중력 덩어리(지구)와 멀리 떨어진 물체에서는 시간이 지구 표면보다 빠르다. 인공위성의 시간 속도에 중력이 영향을 미치는 이유를 알기 위해 우리는 중력에 관한 이론인 알베르트 아

---

* 내 위치는 각 인공위성을 중심으로 하는 구면에 있게 된다. 세 개의 인공위성이 그리는 세 개의 구면은 서로 겹치고 엇갈리는데, 세 개 모두가 교차하는 지점이 내 위치가 된다(이곳이 내가 세 개의 구면에 동시에 있을 수 있는 유일한 지점이다).

인슈타인의 일반 상대성 이론을 검토해야 한다.[7] 내가 차내의 내비게이션 시스템을 사용하든 스마트폰의 위치 탐지기를 사용하든 내 GPS가 정확한 것은 아인슈타인 이론의 천재성 덕분이다.

사람은 중력 효과에 익숙하다. 오늘 아침에 우리는 체중계 위에 섰을 때 중력 효과를 경험했다. 체중계에 내 몸무게가 표시되는 이유는 사람의 몸을 아래로 당기는 중력에 균형을 맞추기 위해 체중계가 나를 밀어 올리기 때문이다. 우주 공간의 어느 닫힌 방에 사람이 있다면, 그 사람은 몸무게가 없을 것이다. 하지만 그 방이 외부의 힘에 의해(예를 들어 천장에 붙어 있는 굵은 밧줄에 의해) 가속되고 있다면, 방바닥이 그 사람을 밀어 올리므로, 그는 둥둥 떠다니지 않고 체중계에 숫자가 표시될 것이다. 아인슈타인은 체중계의 수치가 중력 때문인지 아니면 가속 때문인지 알아낼 방법이 없으므로 두 가지가 동일한 것이 틀림없다는 사실을 깨달았다.

중력은 질량이 있는 물체들의 상호작용으로 생긴 결과이고, 가속은 우리가 시간과 공간 속을 어떻게 움직이는지를 설명해준다. 질량은 시간과 공간의 기하학을 왜곡하고, 이 왜곡으로 인해 우리의 궤적이 변한다. 이는 모두 중력 때문이다.

지구는 질량이 크므로 주변의 시간과 공간을 왜곡한다. 모서리를 팽팽하게 잡아당긴 얇은 트램펄린 위에 볼링공을 놓았다고 상상해보자. 볼링공이 아래로 처지면 트램펄린은 공을 감싼 채 아래로 움푹해진다. 볼링공 가까이에서 움직이는, 그보다 작은 질량의 물체(예를 들어 궤도를 도는 GPS 인공위성)는 트램펄린의 굴곡을 따라 움직임이 바뀔 것이다. 속도가 올바르게 선택된다면, 이 작은 공은 볼링공 주위를 도는 순환 궤도를 따를 것이다. 이 궤도는 곡면 위에서 움직인 결과 또는 중력이 끌어당기는 힘 때문이라고 생각할 수 있다. 이론물리학자 존 아치볼드 휠러John Archibald Wheeler의 말을 쉽게 표현하자면,[8] 일반 상대성 이론은 물질이 공간에서 어떻게 휘는지, 그리고 공간이 물질에 어떻게 작용하는지를 알려준다.

GPS 인공위성의 시간 측정을 무력화할 수 있는, 일반 상대성 이론에서 비롯된 효과가 두 가지 있다.[9] 움직이는 모든 것은 시간과 공간으로 이루어진 '시트sheet'의 굴곡을 따라야만 한다. 빛도 예외가 아니다. 질량이 클수록 굴곡이 심해진다. 이런 이유로 사람과 건물의 영향력은 무시해도 될 정도인 반면, 행성과 블랙홀은 상당한 굴곡을 만들어낸다. 곡면을 따라 움직일 수밖에 없다는 것은 GPS 인공위성에서 나오는 라디오파가 목적지에 도달하기까지 시간이 약간 더 걸린다는 뜻이다. 굴곡과 관련된 이런 지식을 활용해서 공간이 휘는 현상을 바로잡을 수 있다.

시계는 중력질량에 가까워질수록 느리게 간다. 그 이유를 알기 위해 원형 트랙 위를 달리는 두 명의 달리기 선수를 생각해보자. 한 명은 안쪽 트랙, 다른 한 명은 바깥쪽 트랙을 달린다. 두 사람이 결승선에 나란히 들어오려면, 바깥쪽 트랙에 있는 주자가 안쪽 트랙에 있는 사람보다 빨리 뛰어야 한다. 일반 상대성 이론에 따르면, 가속은 중력과 동일하므로 시계를 당기는 중력이 강할수록 시간은 천천히 간다. 사람은 지구의 중력을 알고 있으므로, 인공위성에서의 시간이 지구의 시간에 비해 얼마나 빨리 가는지 계산하고 그 차이를 고려하여 오차를 바로잡을 수 있다. 이처럼 시간의 오차를 바로잡지 않으면 GPS를 믿기 어려워진다.

오전 8시 30분

◇◇◇◇◇◇◇

A는 고속도로에 진입한 뒤 GPS 덕분에 이번에는 목적지로 가는 길을 제대로 찾는다. 순조롭게 진입로에 올라서자 GPS는 앞으로 6.4킬로미터가 남았다고 안내한다. 이는 A가 고속도로 통행료를 내야 한다는 뜻이다. 톨게이트에 도달할 때쯤 A는 앞차들의 브레이크 등을 보고 순간적으로 심장이 철렁한다. 하지만 오른쪽 끝 두 개 차선의 차들만 속도를 줄이는 것을 보고 안심한다. 그 차선들은 통행료를 현금으로 내는 운전자를 위한 것이다. A는 대시보드 위에 있는 작은 흰색 상자를 흘끗 보며 자동으로 통행료를 내는 **하이패스** 기기에 고마워한다. A는 현금을 내느라 병목 현상을 보이는 수십 대의 자동차를 유유히 지나쳐 톨게이트를 미끄러지듯 지나간다.

◇◇◇◇◇◇◇

하이패스 시스템,[10] 차고 문 개폐 장치, 리모컨 원격 출입 기기, 경찰관·군인·응급구조원이 사용하는 무전기는 기본적으로 특화된 라디오다. 그 일부분은 자동차의 하이패스 기기처럼 배터리로 작동하는 작은 수신기고, 라디오 안테나에 해당하는 것은 톨게이트 요금소 안에 있다. 무전기 세트와 비슷하게 자동차 수신기와 톨게이트 안테나는 모두 라디오파를 통해 전달되는 지침을 송신하고 수신할 수 있다. 일부 하이패스 시스템은 자동차가 톨게이트 폭만큼의 광선을 차지하면 수신기·안테나 통신을 시작한다. 차선이 비어 있으면 이 광선은 광 검출기(빛의 강도를 전기 신호로 변환 검출하는 장치 - 옮긴이)에 도달한다. 하지만 자동차가 요금소를 지나며 이 빛을 막으면 광 검출기로 가는 신호가 없으므로 회로가 끊어진다. 이로 인해 또 다른 회로가 닫히면서 안테나가 하이패스 기기에 있는 수신기로 신호를 보내 요금소와 자동차 사이에 무선 전송이 시작된다.

하이패스 시스템, 차고 문 개폐 장치, 무전기가 모두 기본적으로 특화된 라디오라면, 다음과 같은 질문이 생긴다. 라디오는 어떻게 작동할까?[11] 라디오파 생성 이면에 있는 물리적 원리는 토스터 전선의 붉은 빛을 설명하는 과학적 원리와 같다. 전선의 원자에 있는 전자가 높아지는 온도로 인해 왔다 갔다 하며 흔들릴 때 전자기장이 생성된다(변화하는 전류가 변화하는 자기장을 만들어내고, 나중에는 변화하는 자기장이 전류를 만들어낸다). 토스터 전선은 적외선과 붉은빛을 방출한다. 진동수가 훨씬 낮은 전자는 라디오파를 만들어낸다.

물리학자들은 전자기파를 설명하는 데 빛을 이용한다. 라디오파, 마이크로파, 적외선, 가시광선, X선, 감마선은 모두 빛이다. 이들의 차이점은 변화하는 전기장과, 자기장의 진동수뿐이다. 하이패스 시스템은 주파수가 900메가헤르츠(즉 초당 9억 사이클)인 라디오파를 사용한다.*

톨게이트의 안테나에서 방출되는 라디오파가 하이패스 기기의 전선에 있는 전하와 부딪히면 진동하는 전기장은 전자가 왔다 갔다 떨리게 할 것이다. 하이패스 시스템에서는 톨게이트와 기기 양쪽 모두 신호를 송·수신한다. 따라서 어느 쪽을 수신기라고 부르고 어느 쪽을 안테나라고 부르는가는 임의적이다.

이런 전파를 이용해서 정보를 부호화하는 방법은 많다. 이 가운데 많이 사용되는 방법은 두 가지다. 하나는 전파 정점의 높이 바꾸기 즉 진폭 변조Amplitude Modulation(AM)이고, 다른 하나는 진동수 바꾸기 즉 주파수 변조Frequency Modulation(FM)이다. 두 가지 방법 모두 전하를 띤 물질이 용수철에 매달려 왔다 갔다 하며 진동하는 상태보다 많은 전류 변조가 필요하다. 라디오에서 감지된 전자기파는 수신기의 스피커를 진동하게 하는 전압으로 변환되며, 이 결과 생성된 음파는 원래 메시지와 똑같은 형태가 된다. 하이패스 시스템에는 스피커가 없지만, 기본적인 과정은 같다. 다양한 라디

---

* 이는 많은 일반 무선 전화기가 사용하는 주파수와 같다. 하이패스 시스템은 전력이 약해서 도달 범위가 매우 좁으므로 가정용 전화기에 지장을 줄 가능성은 없다.

그림 2 **무선 송신기와 수신기의 작동 과정**

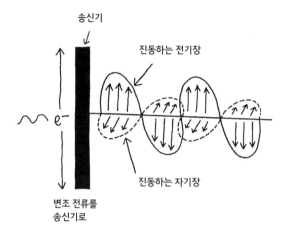

송신기

진동하는 전기장

e⁻

진동하는 자기장

변조 전류를
송신기로

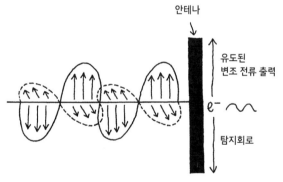

안테나

유도된
변조 전류 출력

e⁻

탐지회로

전자기파가 금속 안테나를 만나면(아래 그림) 전자가 위아래로 진동하게 되어 전류를 변
조한다.

오파에 정보가 부호화되고 톨게이트와 자동차의 기기가 서로 통신을 주고받는다. 이 라디오파 신호를 수신하자마자 하이패스 기기에 있는 수신기는 자동차 운전자의 계좌 정보를 알려주는 다른 라디오파 신호를 송신한다. 이 디지털 신호는 그 후 계좌 정보를 조회해주는 소형 컴퓨터로 전송되고, 컴퓨터는 통행료를 납부할 잔액이 있는지를 확인해준다. 또 다른 메시지는 화면으로 전송되어 통행료가 운전자의 계좌에서 제대로 결제되었다는 사실을 알려준다. 빛의 속도* 즉 초당 약 30만 킬로미터 속도로 이동하는 라디오파는 다른 모든 전자기파와 마찬가지로 자동차가 톨게이트 통과 후 3센티미터를 지나기도 전에 이 모든 일을 해낸다. 광 검출기가 자동차의 통과를 기록하는 동안 톨게이트에서는 하이패스를 찾는 신호를 보낸다. 이에 반응하는 신호가 수신되지 않으면 자동차의 번호판을 카메라로 찍으라는 신호를 보낸다. 이렇게 해서 무단 통과한 차량에 벌금을 통보한다(벌금 통지서는 빛보다 훨씬 느린 우편으로 전달된다).

---

* 이는 진공 상태에서의 속도다. 물이나 유리 등의 매질에서는 빛의 속도가 느려질 수 있다. 이에 관해서는 뒤에서 다시 설명한다.

오전 8시 40분

◇◇◇◇◇◇◇◇

도로가 생각보다 한산해서 A는 약속시간보다 일찍 도착할지도 모르겠다는 생각이 든다. A는 앞 차가 느리게 가자 그 차를 추월하려고 차선을 두 번 변경한다. 도로는 한산하다. A는 잠시 시선을 돌려 날씨와 교통 정보를 확인하려고 라디오를 켠다. 비도 바람도 없고 구름만 약간 낀 좋은 날씨. 비행기 운행에는 아무 문제가 없을 것 같다. 교통 정보도 마찬가지로 긍정적이다. 아침 출근 시간대에 대규모 도로 공사나 자동차 사고 따위의 뉴스도 없다. 이 순간 A의 눈앞에 갑자기 앞차들의 브레이크 등이 나란히 켜지기 시작한다. 불쑥 **교통체증**이 나타난 것이다. A는 짜증이 나서 핸들을 손으로 내리치며 멈추어 선 차들 위로 날아갈 수 있으면 얼마나 좋을까 생각한다.

◇◇◇◇◇◇◇◇

고속도로를 달리는 차량[12]은 파이프를 통해 흐르는 물이라고 볼 수 있다.** 고속도로에서 킬로미터당 자동차 밀도가 증가함에 따라 유속 즉 시간당 정해진 지점을 통과하는 차의 수도 많아진다. 하지만 자동차의 밀도가 지나치게 커지면 유속은 실제로 감소하고, 줄어든 유속은 이동 시간이 더

** 차량 흐름에 관한 적절한 유체역학 모형은 존재하지 않지만, 이를 유체의 흐름에 비유하는 것은 이 글의 목적을 이해하는 데 도움이 된다.

욱 길어진다. 물리학 이론에 따르면, 운전자가 모두 사라지면 교통 흐름이 미끄러지듯 편안하게 이어진다.

고속도로에 있는 자동차의 밀도가 낮으면, 각 자동차의 운동이 독립적으로 인식될 수 있다. 도로 상황에 의해 차의 속도가 정해지되 다른 차량에 의한 제약은 없다. 이는 원자 농도가 아주 낮은 기체와 다르지 않다. 이런 기체에서는 원자끼리 부딪칠 가능성이 낮다. 자동차의 밀도가 증가함에 따라 상황은 바뀐다. 이때 차의 운동은 액체의 원자와 더욱 비슷해진다. 액체에서는 원자의 움직임이 인접한 원자와의 상호작용에 의해 제한된다. 도로에 있는 차량의 밀도가 가장 높은 혼잡시간대에는 별다른 이유도 없이 일어나는 교통체증으로 오도 가도 못 하게 될 수 있다. 이런 교통체증은 도로 공사나 교통사고 때문이 아니라, 실제로는 교통 그 자체의 본질적인 불안정성 때문에 일어난다.[13]

도로의 차량 밀도가 높은 경우, 차량의 흐름은 집단적 현상으로 설명될 수 있다.[14] 이는 물 분자가 다른 주변의 분자와 상호작용해서 파도와 같은 대규모 장애물을 형성하는 경우와 다르지 않다. 고속도로 교통의 경우에는 운전자들이 앞선 차량 흐름과의 간격을 발견하면 일반적으로 속도를 높여서 그 간격을 줄여버린다. 각각의 운전자는 독립적으로 행동하긴 해도, 의도적으로 자기 차보다 앞선 차량에 가까이 가서 하나의 무리를 형성한다. 앞 차보다 빠른 차는 이 무리의 후미에 가까워짐에 따라 속도를 줄여야 하고, 높은 밀도의 무리를 뚫고 나아가서 그 무리의 선두에 도달했을 때만 다시 속도를 높일 수 있다.

순조로운 차량 흐름에서는 두 가지 이유가 핵심 역할을 한다.[15] 하나는 앞에 가는 차량이 늘어나는 데 대한 운전자의 인식이고, 다른 하나는 차량의 밀도 변화에 운전자가 반응하는 시간이다. 모든 운전자가 반응하는 시간이 매우 빠르거나 앞에 가는 차량의 밀도에 세심하게 주의를 기울이고 있다면, 연못에 돌을 던졌을 때 수면 위로 퍼지는 잔물결과 같이 높은 밀도 영역과 낮은 밀도 영역이 번갈아 나타나는 형태로 차량들이 저절로 배열된다. 그러면 높은 밀도의 차량 무리가 효율적으로 도로를 따라 흘러갈 것이다. 반응 시간이 오래 걸린다는 것은 운전자가 앞의 차에 뒤늦게 반응한다는 뜻으로, 운전자는 밀도가 높아지는 앞 차들의 무리에 끼어드는 상황을 맞게 된다. 운전자의 반응 시간이 앞에 있는 차량의 밀도 변화를 인지하는 시간보다 오래 걸리면, 정체되는 차량의 규모가 점점 커진다.

마른 모래 위로 마른 모래를 계속 뿌려서 쌓은 모래더미가 결국에는 불안정한 원뿔 형태가 되는 것도 이와 유사한 상황이다.[16] 여기에 모래 알갱이를 하나만 더해도 모래더미 한쪽에서 산사태가 일어날 수 있다. 이와 비슷하게 혼잡 시간대에 차량이 계속 커져가는 무리에 자신을 끼워넣으면, 그 무리의 선두에 있는 한 차량이 브레이크를 가볍게 밟거나 가속 페달에서 발을 떼어서 살짝 속도를 줄이기만 해도[17] 교통체증이 발생한다. 이 때문에 뒤의 차량들에는 산사태가 일어나 도로가 막히는 것이다. 앞에 있는 차량만이 앞선 차량의 현재 밀도가 줄었다는 점을 이용해 가속을 하면 교통체증을 벗어날 수 있다. 이 무리의 중간과 후미에 있는 오도 가도 못 하는 차량은 앞의 상황이 자기에게도 전달될 때까지 기다린 다음에야 이동할 수 있다. 앞선 차량이 앞으로 나아간다고 해도 뒤차가 곧바로 가속하지는 않는다. 뒤차 운전자가 반응하는 데 걸리는 시간이 있기 때문이다. 정지한 차량이 앞 차량이 가속하기를 기다리는 동안 뒤에서는 당연히 새로운 차량이 교통체증의 무리에 끼어든다.

운전자가 평균적인 차량 흐름 속도에 맞추어 일정한 속도로 꾸준히 운전한다면,[18] 이처럼 자연스럽게 발생하는 교통체증을 겪을 가능성이 감소할 뿐만 아니라, 뒤따라오는 운전자도 편하게 해준다. 일정한 속도로 운전해서 안전거리를 일부러 전혀 줄이지 않으면, 앞선 차량들의 리듬 속으로 뛰어들지 않을 것이고, 교통체증이 발생한다고 해도 정체 구간에 도달하기 전에 그것이 해소될 시간적 여유가 생길 것이다. 본질적으로 운전자는 앞선 차량들의 무리에 끼어들지 않음으로써 도로의 차량 밀도를 낮추는 편이 낫다. 모든 차가 공식 제한속도 또는 동일한 평균속도로 주행한다면 고속도로가 수용할 수 있는 자동차 수는 이론적으로 최대치까지 올라갈 수 있고, 모든 운전자는 목적지에 더욱 빨리 도달할 것이다.

오전 8시 50분

◇◇◇◇◇◇◇◇

A의 차량은 전후좌우가 완전히 막힌 상태에서 아주 천천히 전진한다. A는 틀림없이 교통사고가 났을 것이고, 이렇게 차가 꽉 막힐 정도라면 아주 큰 사고일 것으로 생각한다. A가 좌우를 살펴보지만, 갓길에는 긴급 차량이 전혀 보이지 않는다. 마침내 앞선 차량들이 고속도로 제한속도까지 가속하기 시작하고, A는 교통체증을 가까스로 벗어난다. 약 3킬로미터를 달려서 고속도로 출구에 이른 뒤 GPS가 가리키는 방향을 계속 따라가자 병원 건물이 나타난다. 긴 차량 행렬이 길 건너 유료 주차장 진입로로 들어가려고 대기 중이다. A는 이 줄을 피하고 싶다. 이때 마침 차 한 대가 A의 목적지 병원 앞 노상 주차장에서 나온다. 주차 공간은 좁지만, A의 차에 있는 **자동 주차 기능**이 차를 매끄럽게 운전해서 주차를 해준다.

◇◇◇◇◇◇◇◇

평행 주차 시 인간의 착오를 예방하기 위한 자동 주차 시스템은, 다른 자동차나 장애물과 비교해서 내 차가 정확히 어디에 위치하는지 알아야 한다.* 이는 GPS 시스템과 다르다. 다른 차량과 충돌하는 일을 피하려면 상황을 극히 정밀

---

* 많은 운전자가 차내 컴퓨터·내비게이션 시스템에 운전을 맡기고 싶지 않겠지만, 나는 우리의 로봇 신께서 평행 주차를 대리로 해주는 것을 환영하는 사람 중 하나다.

하게 인지할 필요가 있기 때문이다. 차량 내 컴퓨터는 동력 조향 시스템과 통신하여 자동차가 빈 공간으로 후진하는 속도를 감안해서 운전대를 잘 맞추어 돌려준다(대부분의 시스템에서 이 속도는 아직 운전자가 제어한다). 이 기술은 최근에야 등장했지만, 자동차가 다른 물체와 충돌하는 것을 피하는 물리적 기술은 레이더와 근접신관의 발전과 함께 제2차 세계대전 때부터 있었다.

레이더Radar는 무선 감지와 거리 측정Radio Detection and Ranging의 약자로,[19] 스펙트럼의 라디오 부분에서 전자기파 파동이 방출되어 물체에서 반사된 후 안테나에 의해 감지되는 장치다. 레이더 시스템은 반향 기법으로 거리를 측정한다. 자동차 범퍼에 설치한 안테나·수신기가 라디오파 파동을 방출한다. 이 파동은 물체에서 반사되어 다시 수신기로 돌아온다. 밖으로 나가는 파동을 방출하는 순간과 반사된 파동을 수신하는 순간 사이의 시간 경과를 기록하면 레이더 시스템과 물체 사이의 거리를 쉽게 계산할 수 있다. 앞과 뒤 범퍼에 수신기를 여러 개 갖춘 차량도 있어서, 다른 차량의 위치 비교를 통해 자체 위치를 정확하게 판단할 수 있다. 하지만 라디오파는 파장이 꽤 길어서 파장을 흩어지게 하는 효과가 떨어지는 작은 물체들을 놓칠 수도 있다. 따라서 일부 자동 주차 차량에는 자동차보다 작은 보행자를 비롯한 장애물을 탐지할 수 있는 (레이더와 비슷하나 파장이 짧은 레이저 가시광선을 사용하는) 라이다Lidar가 적용된다.

카메라와 이미지 처리 소프트웨어를 사용하여 주차하는 차량이 빈 공간으로 들어갈 때 다른 자동차나 물체에 지나치게 가까워지는 것을 감지하는 시스템도 있다. 앞 유리창 백미러에 설치된 이런 카메라는 적절한 소프트웨어와 조합을 이루면 주차 외에 다른 용도로 사용될 수 있다.

카메라나 레이더, 라이다는 내 차량이 앞차에 너무 가까이 다가가면 이를 경고해주는 충돌 방지 시스템의 기반이 된다. 이 장치는 또한 앞 차량의 속도가 느려질 때 자동으로 속도를 줄여주는 적응형 크루즈 컨트롤adaptive cruise control에 필수다. 라디오파를 반사하는 물체가 레이더 수신기에 맞추어 움직이고 있다면, 이는 반사된 라디오파의 파장에 작지만 측정 가능한 변화를 유도하고, 이 변화로부터 이 물체의 속도와 물체가 내 차에 다가오는지, 아니면 멀어지는지 여부를 판단할 수 있다. 이런 파장의 변화는 도플러 효과로 알려져 있는데, 따라서 이 종류의 레이더는 도플러 레이더라고 부른다.

자동 주차(그리고 무인 운전)의 시초는 근접신관으로 거슬러 올라간다.[20] 제2차 세계대전 당시 방공포에 레이더 기술을 적용한 중요한 부품이 삽입되었고, 이 부품 덕분에 포탄이 표적에 일정한 거리 이내로 접근하면 폭발할 수 있었다. 포탄 안에는 전해액(전기가 전도되는 유체)이 포함된 유리 용기가 있는데, 발사 순간의 격렬한 흔들림 때문에 이 용기가 부서지면서 열리게 되고, 이로 인해 회로가 닫힌 후 레이더 신호가 방출되었다. 포탄 안의 다른 회로는 반사된 파동을 감지하고, 파동의 신호는 포탄이 표적에 가까워지면서 더욱 강해졌다. 일반적으로 포탄이 표적에 약 23미터 내로 접근하면, 그에 반사된 신호가 폭파 장치로 전달되는 전압을 유도할 만큼 충분히 강력해져서 포탄을 폭발시켰다. 그 결과 목표물을 타격하기 위해 포탄을 완벽하게 명중시킬 필요가 없어졌는데, 이는 빠르게 움직이는 목표물을 타격할 때 크게 도움이 되었다. 레이더로 작동하는 근접신관 덕분에 가까이 다가가는 것만으로도 충분했던 것이다. 이와 동일한 물리학 원리를 통해 평행 주차 시 내 앞뒤에 있는 다른 차량에 너무 가까이 다가가게 되면 경고음이 울린다.

오전 9시

A는 주차 공간에 안전하게 차량을 주차한다. A는 차에서 내려 서둘러 병원 건물에 들어가려 하지만, 왼쪽 발목의 통증 때문에 빨리 움직일 수 없다. 주차요금 정산기에서 A는 자신의 주차 공간에 할당된 번호를 입력하고 결제기에 신용카드를 끼워 넣자 자동으로 주차요금이 결제된다. A가 승인 버튼을 누르자 정산기가 영수증을 출력한다. 영수증에는 주차 제한 시간이 굵고 큰 글자로 표시되어 있다. 다시 차량으로 온 A는 서류가방을 챙기고 **리모컨 키**로 문을 잠근다.

자동차 원격 출입 시스템[21]은 단방향 하이패스처럼 작동한다. 리모컨 키에서 잠금이나 열림 버튼을 누르면, 키는 차내 수신기에 무선 신호를 보내고, 수신기는 차문에 있는 파워 잠금장치를 작동시킨다(차에 시동을 걸기도 한다). 차내 수신기는 키에서 전송된 무선 신호를 감지한다. 이때 적용되는 물리적 원리는 라디오 튜너와 같다. 바로 공명이다.

인간은 전자기파의 바다 속에서 살고 있다. 전자기파의 근원은 태양만큼이나 먼 곳에서부터(태양은 모든 주파수의 빛을 우리에게 보낸다. 그중 가장 강도가 높은 것은 우리가 가시광선이라고 부르는 좁은 주파수 영역에 있다) 우리 몸에서 방출되는 적외선처럼 가까운 곳에 이르기까지 곳곳에 존재한다. 그런데 우리는 보통 주변에 있는 수많은 전자기파를 의식하며 살지는 않는다. 휴대전화의 신호가 약해져서 전화를 걸 수 없을 때만은 예외다. 라디오 튜너나 원격 출입 시스템의 수신기는 우리가 선택한 방송국에 해당하는 특정 주파수를 제외하고 다른 모든 주파수를 무시할 수 있어야 한다. 라디오 튜너는 수신기로 소리굽쇠를 이용하여 이 문제를 해결한다.

소리굽쇠는 U자형으로 휘어진 길쭉한 금속이다. 소리굽쇠를 때리면, U자형 막대의 기다란 두 면이 특정한 진동수로 진동하고 대기에 기압파를 만들어낸다. 따라서 소리굽쇠는 일회성의 신속한 기계적 방해를 소리굽쇠의 고유 진동수 소리로 변환시킨다. 소리굽쇠 봉의 길이, 질량, 모양을 바꾸면 그것이 방출하는 소리의 진동수도 바뀐다. 소리굽쇠 봉을 진동시키는 또 하나의 방법은, 그것을 소리굽쇠의 고유 진동수와 같은 음파에 노출시키는 것이다. 이때 진동수가 조금이라도 다르면 소리굽쇠 봉을 진동하게 할 수 없다. 진동자를 그 고유 진동수에서 자극하는 이런 현상을 공명이라고 한다.

라디오 튜너[22]와 차내 원격 출입 수신기(또는 차고 문 개폐기나 하이패스 시스템의 수신기)는 자신과 상관이 있는 주파수 하나에만 집중하고, 주위에 넘쳐나는 다른 전자기파는 무시하기 위해 같은 원리를 이용한다. 전기 회로는 단진자나 소리굽쇠 보다는 복잡하지만(전자기기 체계에서 라디오 튜너는 사실 꽤 단순하다), 기본적으로 같은 방식으로 작동한다. 전자기파가 회로망의 정해진 고유 주파수에서 감지되면 다른 어떤 주파수보다 훨씬 높은 전압이 유도된다. 그다음에 이 높은 전압은 시스템의 나머지 영역으로 가서 전자기파에 부호화된 정보를 처리해준다. 진자의 공명 진동수를 바꾸려면 끈의 길이를 달리하면 되지만, 수정 결정체의 크기와 모양을 바꾸면 고유 주파수가 바뀐다. 라디오 방송국을 바꾸면 수신기 회로망의 변화가 라디오 튜너의 공명 주파수를 변하게 한다.

미국에서는 모든 자동차 원격 출입 시스템이 315메가헤르츠라는 동일한 라디오파 주파수를 사용한다. 모든 시스템이 같은 주파수를 사용하므로, 당연히 보안 문제가 생긴다. 그래서 임의로 선택한 12자리 암호를 이용한다. 수신기가 올바른 암호를 감지한 경우에만 차주의 지시(예를 들어 트렁크를 연다거나 잠긴 차문을 열어주는)를 이행할 것이다.

(라디오 두 개로 똑같은 방송국을 들을 수 있듯이) 수신기를 가진 다른 사람이 내 리모컨 키에서 신호를 받아[23] 이 12자리 암호를 가로챌 수 있지 않을까? 그렇게 할 수도 있다. 하지만 다음번에 내가 리모컨 키를 누를 때는 전혀 다른 12자리 숫

자를 암호로 사용한다. 따라서 지난번의 12자리 암호는 이번에 차문을 여는 데 도움이 되지 않는다. 수신기가 이 새로운 암호를 받아들일 수 있는 이유는, 리모컨 키가 12자리 숫자를 만들어내기 위해 사용하는 수학 공식이 수신기에서 사용하는 공식과 같고, 둘 다 같은 '시드seed'로 시작되었기 때문이다. 따라서 수신기는 리모컨 키가 보낸 오직 하나의 고유한 12자리 숫자를 인식할 수 있다. 다음번에 내가 리모컨 키를 누르면, 이 키는 지난번 12자리 숫자를 시드로 사용해서 새로운 12자리 숫자를 만들어낸다. 그러므로 신호 하나를 가로챘다고 해서 다음번에도 차문을 열 수는 없다.

내가 자동차에서 멀리 떨어져 있을 때 실수로 리모컨 키를 눌러서 12자리 암호가 업데이트되었다는 사실을 차내 수신기가 모르는 경우에는 어떻게 될까? 바로 이런 경우를 위해 수신기는 그 알고리즘으로 만들 수 있는 그다음의 12자리 숫자 256가지를 아주 빠르게 계산해서 올바른 암호를 찾아낸다.

제3장

병원

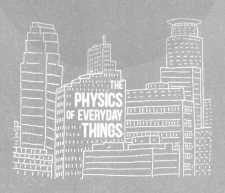

오전 9시 5분

◇◇◇◇◇◇◇◇

A는 병원이 있는 고층 빌딩으로 들어가서 엘리베이터를 타는 곳으로 간다. 병원은 고층에 있기 때문에 더욱 늦어질 것 같아 걱정이다. 하지만 **엘리베이터**는 예상보다 빨리 도착한다. 고속 엘리베이터가 빠르게 움직이자 A는 순간적으로 무게감을 느낀다.

◇◇◇◇◇◇◇◇

　엘리베이터는 기본적으로 도르래와 같다.[1] 원통형 드럼 위로 고리처럼 걸친 쇠줄의 한쪽이 엘리베이터에 연결되어 있고, 쇠줄의 다른 한쪽은 평형추에 연결되어 있다. 평형추의 크기는 엘리베이터 평균 탑승인원의 무게를 반영해서 정해지는데, 이 무게는 최대인원의 40퍼센트가 일반적이다. 평형추 무게를 엘리베이터와 가능한 한 비슷하게 만들어서 승강기를 올리거나 내리는 데 필요한 에너지를 최소화한다.

　시소를 생각해보자. 양쪽에 몸무게가 같은 아이가 앉아 있으면 올라가고 내려오기가 훨씬 쉬워진다. 한쪽에 무거운 성인이 있고 반대쪽에 작은 아이가 있으면, 성인을 올라가게 하기 위해 힘을 더 많이 가해야 한다. 엘리베이터에서는, 시소의 한쪽 끝에 사람을 태운 엘리베이터가 있고, 반대쪽 끝에는 평형추가 있다. 둘의 질량이 거의 같다면 (위치에너지 증가로 이어지는) 한쪽의 상승은 (위치에너지가 동일하게 감소하는) 반대쪽의 하강에 의해 정확하게 균형이 맞춰진다. 엘리베이터·평형추 시스템에서 위치에너지 변동이 실질적으로 일어나지 않는다면 도르래를 작동시키는 모터가 하는 일은 줄어든다. 엘리베이터가 완전히 비어 있거나 수용 가능 인원을 꽉 채운 상태라면, 이 시스템의 위치에너지에 실질적 변동이 있을 것이고, 이런 에너지 변동은 모터의 추가적인 작업에서 비롯되어야 한다.

엘리베이터와 평형추를 연결하는 쇠줄의 길이는 건물 높이보다 살짝 길어야 한다. 평형추는 엘리베이터가 1층에 있을 때 건물 꼭대기에 있는 반면, 엘리베이터가 꼭대기 층에 있을 때는 1층에 있다. 평형추가 없다면, 엘리베이터가 1층에서 꼭대기 층으로 올라갈 때 감당하기 힘들 만큼 많은 쇠줄을 실타래처럼 도르래에 감아야 한다.

하지만 쇠줄은 도르래 위에 그저 매달려 있기만 하는 것은 아니다. 모터가 맨 위 도르래를 돌리면 쇠줄이 그것을 따라 움직여서 엘리베이터가 올라가거나 내려가게 할 정도로 '잡아당기는 힘'이 충분해야 한다. 도르래는 기본적으로 긴 원기둥이고, 쇠줄은 단순히 마찰력에 의지해 그 위에 매달려 있다. 접촉면이 넓을수록 문지르는 부분이 많아지고 마찰력도 커진다. 이런 이유로 쇠줄은 원기둥 위로 여러 번 감겨 있다. 원기둥에서 케이블이 위치하는 곳에 파인 홈도(홈이 있는 도르래는 엄밀히 말해서 '시브sheave'라고 한다) 마찰력을 높인다. 원기둥의 중심은 전기 모터의 축에 연결되어 있고, 가변 속도로 시계방향이나 반시계방향으로 회전할 수 있다. 이런 방식으로 엘리베이터에 연결된 쇠줄은 위로 당겨지거나 아래로 내려질 수 있다.

　여기까지가 엘리베이터 작동 방식의 기반이 되는 기초 물리학이다. 하지만 엘리베이터를 빠르면서도 안전하게 운행하려면 어떻게 해야 할까? 엘리베이터의 속도는 대체로 맨위 도르래를 돌리는 모터에 의해 결정된다.[2] 모터에서는 코일에 있는 변화하는 전류가 자기장을 만들어 내는데, 이 자기장을 영구자석의 자기장이 밀어냈다가 당기기를 번갈아 반복한다. 이 영구자석이 강할수록 토크torque가 커진다. 토크는 모터가 생성할 수 있는 회전력이다. 예를 들어 동력이 강한 자동차 엔진은 타이어에 큰 토크를 전달해서 각가속도angular acceleration(속도가 일정하지 않은 회전운동에서 단위 시간에 나타나는 회전 속도의 변화 정도 - 옮긴이)를 높여주고, 타이어는 정지한 상황에서 분당 800회전에 이르기까지(즉 시속 0킬로미터에서 96킬로미터까지) 걸리는 시간이 작은 엔진에 비해 짧다. 비숫하게 쇠줄·도르래 시스템에 부착된 모터의 힘이 강할수록 도르래 바퀴를 빨리 돌아가게 할 수 있다. 이는 엘리베이터의 상승이나 하강을 더욱 빠르게 한다는 의미다. 최근에는 희토류원소를 사용한 강력한 자석 덕분에 동력이 더욱 강한 모터를 제작하는 것이 가능해졌다.

안전하면서도 빠른 엘리베이터를 만들기 위해서 해결해야 할 과제가 또 있다. 엘리베이터 안전에서 주요 규정[3]은 예비의 예비 시스템을 마련하는 것이다. 굵은 쇠줄 하나면 엘리베이터 하나를 견딜 만큼의 강도로 충분하다. 그런데 대부분 엘리베이터에서는 쇠줄을 4~8개 사용한다. 이 때문에 쇠줄이 한두 개 끊어져도 엘리베이터가 추락하지는 않는다.

설령 쇠줄 8개가 모두 동시에 끊어진다고 해도 엘리베이터는 추락하지 않는다. 엘리베이터 양쪽에는 수직 레일이 둘러싸고 있다. 엘리베이터의 롤러가 이 레일에 맞물려 있으므로 엘리베이터는 완벽하게 수직을 유지할 수 있다(모든 승객이 엘리베이터의 한쪽에 몰려 있다고 해도 엘리베이터가 기울어지는 현상은 없을 것이다). 이 롤러에는 가속도계가 있어서 엘리베이터가 흔들리거나 떨리는 것을 감지하여 이를 보정하는 힘을 가해 진동을 상쇄해준다(이는 자동차 가속도계에서 입력된 내용에 따라 운전자보다 훨씬 빠르고 민첩하게 브레이크를 걸었다 풀어줄 수 있는 전자식 제동장치와 다르지 않다). 엘리베이터 속도가 일정 수준을 넘어서면, 레일을 따라 미끄러지는 엘리베이터 브레이크가 작동해서 레일을 붙잡는다. 이런 브레이크는 클램프를 강제로 열리게 하는 전자석을 사용한다. 전력이 끊겼을 때 클램프는 자동으로 레일에서 죽은 사람의 억센 손아귀와 같은 역할을 한다. 레일 브레이크는 오래전부터 있었지만, 고속 엘리베이터에서는 빠르게 움직이는 엘리베이터의 운동을 막으려 할 때 마찰열이 너무 심하게 발생해서 브레이크의 금속이 녹아버리곤 했다. 오늘날 브레이크 클램프는 금속보다 훨씬 높은 온도를 견디는 매우 단단한 세라믹 재료로 코팅되어 있다. 이런 세라믹은 특정한 고성능 스포츠카의 브레이크 패드에도 사용한다. 회전 도르래에는 고정 래칫ratchet(한쪽 방향으로만 회전을 전하는 바퀴 – 옮긴이)을 맞물리게 하는 갈고리를 단 '거버너governor'도 있는데,[4] 원기둥이 지나치게 빠른 속도로 회전하는 경우 이를 멈추게 한다. 이런 안전 기능은 매우 영리해서, 원기둥의 회전이 빨라졌을 때는 돌고 있는 도르래의 한가운데에서 갈고리들이 날아가 버리고 나중에 래칫에 맞물려서 도르래를 정지시킨다.

엘리베이터 통로 안에서 시속 60킬로미터가 넘는 속도로 움직이는 엘리베이터가 그 경로 밖으로 공기를 밀어내려면 상당한 에너지가 필요하다. 엘리베이터의 맨 위와 맨 아래에 있는 특수하게 설계된 경금속 박판이 그 공기역학을 향상시켜서 공기를 뚫고 움직이는 데 필요한 에너지를 줄여준다. 엘리베이터 내의 기압도 걱정거리다. 초고층 건물의 꼭대기 층에서 1층까지 내려올 때는 비행기가 착륙할 때 승객이 경험하는 것과 같은, 고막에서의 불쾌한 압력을 느끼기 때문이다. 하지만 엘리베이터가 내려가기 시작할 때 내부의 작은 선풍기가 기압을 조절해 주므로 승객이 1층에 도착하면 기압은 이미 평형 상태에 도달한다.

비행기 탑승과 관련된 또 하나의 물리적 현상도 이런 고속 엘리베이터에서 경험할 수 있다. 이동 시간을 줄이기 위해 도르래 바퀴에 설치한 모터들은 아주 짧은 시간 내에 드럼을 돌려야 한다. 다시 말해, 회전 가속도를 높여서 엘리베이터의 선형 가속도를 올려야 한다. 이런 가속 상태에서 사람이 느끼는 무거움이나 가벼움은 일반 상대성 이론의 등가 원리를 완벽하게 보여준다. 이 원리에 따르면, 엘리베이터처럼 폐쇄된 방에서는 가속 효과와 중력 효과를 구분하는 일이 불가능하다. 엘리베이터가 올라가기 시작하면 위로 향하는 가속도가 커지고, 엘리베이터 바닥에는 (탑승객의 정상 몸무게에 균형을 맞춰주는 힘에 더해) 위로 올라가는 힘이 추가로 가해진다. 꼭대기까지 멈추지 않고 타는 동안 대체로 엘리베이터는 일정한 속도로 이동하므로 탑승객은 정상 몸무게를 느낀다. 하지만 꼭대기가 가까워지면 엘리베이터는 가속을 줄여야 하고, 엘리베이터 바닥에는 아래로 향하는 힘이 크게 가해지므로 탑승객이 느끼는 몸무게는 감소한다. 이는 비행기가 제어된 포물선을 그리면서 비행할 때 포물선의 정점에서 승객이 짧은 시간 동안 무중력 상태를 경험하는 상황의 축소판이다.

오전 9시 20분

◇◇◇◇◇◇◇◇

A는 병원에 도착해서 진료 접수를 하고 여러 가지 서류 양식이 있는 클립보드를 받는다. A가 이곳에 방문할 때마다 작성한 서류다. A의 의료보험 가입 상황에 변동이 없음에도 접수담당자는 A에게 의료보험 카드를 달라고 하더니 카드의 양면을 복사한 다음 자리에 앉으라고 한다. A는 대기 좌석에 앉아 태블릿 PC를 가방에서 꺼내 전원을 켜고 암호를 입력한다. 모니터에는 현재 시간, 기온, 다양한 앱 아이콘을 보여주는 홈 화면이 열린다. A는 접수 담당자에게 대기실에서 **와이파이** 이용이 가능한지를 물어본다. 담당자가 와이파이 암호를 알려주고, A의 태블릿에는 병원 시스템에 접속했다는 사실을 표시하는 동심원이 나타난다. A는 손가락으로 화면을 밀어서 앱 아이콘으로 가득 찬 또 다른 페이지로 이동한 다음에 항공사 앱을 선택한다. 전날 밤에 온라인으로 수속을 밟았지만, 비행기가 시간에 맞추어 운행될지 확인하고 싶다. 항공사 웹사이트가 화면 전체를 채운다. '비행 상태'를 누르니 사이트에서 항공편 또는 출발지와 목적지를 요구한다. 항공편 번호가 A가 태어난 연도와 같기 때문에 따로 찾아보지 않고도 A는 항공편을 기억할 수 있다. 이 정보를 입력하자 잠깐 화면이 멈추었다가 모니터에 A의 항공편이 '정시 이륙'이라고 나오면서 탑승 게이트 정보도 추가로 나타난다. A는 이 공항이 꽤 익숙해서 자신의 탑승 게이트가 교통안전국 보안검색대로부터 상당한 거리가 있다는 점을 안다. 비행기까지 (이 아픈 발목으로) 뛰지 않아도 되기를 기대한다. 진료 대기와 관련된 질문을 하려는 순간 간호사가 나타나 A의 이름을 부른다.

◇◇◇◇◇◇◇◇

적절한 아이콘을 두들겨서 항공사 웹사이트를 방문하는 행동은 간단해 보이지만, 매우 다양한 물리적 현상과 관련이 있다. 첫째로, 태블릿 PC가 웹사이트에 접근하는 것은 본질적으로 전화를 거는 것과 같다. 전화가 연결되는 중이라고 알려주는 발신음을 듣는 대신에 이용자는 원호들이 연속으로 뜨는 태블릿 PC(또는 스마트폰이나 노트북 컴퓨터)를 본다. 이 원호들은 기기에 가장 가까이 있는 무선 라우터로부터 특정한 무선 주파수 신호를 감지했다는 사실을 확인해준다(유선 데이터 접속을 사용할 때도 원리는 같으므로 여기에서는 와이파이 이야기만 이어간다). 인터넷 브라우저에 입력하는 웹사이트 이름은[5] 사실 전화번호와 같은, 숫자로 이루어진 주소(예를 들어 140.99.58.98)의 별명이다. 전화의 경우, 교환기가 발신자의 전화기에서 수신자의 전화기로 전송하는 최선의 방법을 결정해준다. 웹사이트의 경우, 요청된 사이트를 지원하는 호스트 컴퓨터의 위치를 보유한 지정 서버들이 있다. 호스트 컴퓨터는 사용자가 사이트를 방문했을 때 이용할 수 있는 (형식과 내용 관련) 모든 정보를 저장하고 있다.

태블릿 PC는 사용자가 접근하려는 웹사이트의 정보가 있는, 요청받은 일련의 전압 펄스를 보내주는 또 다른 컴퓨터와 라디오파(와이파이)*를 매개로 통신한다. 전화에서 정보는 아날로그 방식으로 전송되었다. 이제 태블릿 PC를 비롯한 대부분 전화기는 방대한 디지털 정보 즉 '0'과 '1'로 이어지는 숫자를 주고받는다. 아날로그로부터 디지털에 이르는 이런 변화는 태블릿 PC나 스마트폰의 반도체 프로세서가 아주 빠르긴 해도 그 자체는 그다지 똑똑하지 않기 때문이다.

아날로그와 디지털의 차이[6]는, 연속으로 변할 수 있는 것과 불연속적 단계에 의해서만 바뀔 수 있는 것의 차이라고 할 수 있다. 예를 들어 외부 스피커가 만든 음파는 그 진폭과 주파수가 연속적으로 변동하므로 아날로그 파동이다. 스피커 막에 어떻게 진동할지를 알려주던 전압은 아날로그지만, 이제는 여러 작은 전압을 합쳐서 만든 디지털 전압이 대부분이다. 디지털 전압에서 사용하는 전압 단계 수가 적을수록 디지털 신호는 스피커에 보내야 하는, 매끄럽게 변하는 실제 전압을 더 잘 나타낸다.

디지털 신호는 아날로그 신호에 있는 실제 전압의 근사치이긴 하지만, 태블릿 PC와 같은 기기에서는 명확한 장점이 있다. 디지털 전화기가 생기기 전에는 장거리 소통이 어려웠

---

* 충실도가 높은 스테레오 시스템의 줄임말인 '하이파이hi-fi'와 비슷하게 들리긴 해도 '와이파이'는 별명이나 약자가 아니다.

고 수신 상태가 불량한 경우가 많았다. 이는 금속 전화선을 따라 전송되는 아날로그 전압이 전선 내의 잡음에 취약하기 때문이다(예를 들어, 전선에 있는 전자들이 자의적으로 이동하여 발신자가 보내려는 신호와 경쟁하는 전압 변동을 유발함으로써 잡음을 일으킨다). 정보를 더욱 확실하게 전송하는 방법[7]은 디지털 부호를 사용하는 것이다. 가령 모스 전신 시스템에서 숫자와 문자를 표현하는 점과 대시 기호 등을 이용한다. 이렇게 하면 특정한 디지털 신호에서 메시지 내용이 손실되어도 수신자가 이해할 수 있다. 그리고 전송된 메시지를 누구든 가로채서 읽지 못하게 하고 싶다면 완전한 아날로그 신호보다는 1과 0의 연속되는 숫자로 암호화하는 것이 쉽다. 이는 전자 상거래에서도 아주 유익하다.

화면은 픽셀이라는 촘촘한 점의 연속으로 이루어져 있고,[8] 태블릿 PC가 수신하는 디지털 암호는 각각의 픽셀에 명도와 활성화할 색상 필터를 알려준다. 각각의 픽셀은 동물 세포의 약 10배 크기이므로, 사람의 눈에는 본질적으로 거친 그 이미지의 면모가 보이지 않는다. 이런 모든 밝고 어두운 점에 의해 고해상도 이미지라는 실질적 결과가 나온다. 대부분의 태블릿 PC에는 사각형의 긴 변을 따라 약 1,500픽셀이 있고, 짧은 변을 따라서는 800~1,000픽셀이 있다. 이 모든 픽셀을 합치면 100만 픽셀 즉 메가픽셀을 넘어선다.

태블릿 PC는 이런 메가픽셀 각각의 상태를 감시한다. 가령 사용자는 '항공편 상태 확인' 같은 메시지 박스가 있는 화면의 특정 지점을 두드려서 태블릿 PC의 프로세서에 신호를 보낸다. 웹사이트의 디지털 데이터 열을 사용자의 태블릿으로 보내주는 컴퓨터와 대화를 시작하는 것이다. 웹사이트를 호스팅(인터넷 제공업체가 주로 개인 홈페이지의 서버 기능을 대행하는 것 – 옮긴이)하는 컴퓨터는 새로운 명령을 전송하는 식으로 반응하고, 태블릿 PC의 화면이 바뀌면서 사용자가 요청한 항공편 관련 정보를 호스트 컴퓨터에 알려달라고 한다. 사용자가 이 정보를 입력하자마자 호스트 컴퓨터는 또 다른 데이터 열을 전송하고, 다시 한번 화면이 바뀌면서 항공편이 정시에 이륙할 예정이라는 사실을 보여준다.

오전 9시 30분

◇◇◇◇◇◇◇◇

간호사는 A를 여러 개의 칸으로 나눈 방으로 다시 데려가 복도에서 몸무게와 키를 잰 다음 검사실로 안내한다. A가 의자에 앉아 있는 동안 간호사는 A의 치료 이력을 물어보며, 들고 있는 작은 노트북 컴퓨터에 A의 대답을 입력한다. 그다음 몇십 년 동안 사용하고 있는 기구로 A의 혈압을 잰다. 청진기로 맥박을 확인하는 대신, A의 손가락 하나에 작은 빨래집게 같은 플라스틱 클립을 꽂는다. 간호사는 혈압과 맥박을 기록한 후 **전자 체온계**로 A의 체온을 잰다. 가는 유리관을 혀 아래에 몇 분 동안 어색하게 끼워두지 않아도 전자 체온계는 몇 분 내에 A의 체온이 정상임을 알려준다. 간호사는 이를 전자 차트에 기록하고 자리를 떠나며 곧 기사가 와서 X선 촬영실로 A를 데려갈 것이라고 알려준다.

◇◇◇◇◇◇◇◇

구식 유리 체온계⁹는 양 끝을 봉인하고 일부를 액체(수은이나 붉은 색소를 첨가한 알코올)로 채운, 속이 빈 작은 원기둥이다. 체온계의 한쪽 끝에 신체(가령 사람 몸에서 혀 아랫부분)를 대면, 체온이 실온에 비해 높을 경우 액체가 팽창하면서 원기둥 안에서 올라간다.

유리 원기둥 안의 액체 높이가 특정 온도에 해당한다는 사실을 우리는 어떻게 알까? 체온계의 끝을 섭씨 0도인 얼음물에 넣고 액체의 높이를 확인한 다음, 섭씨 100도의 끓는 물에 넣으면 액체가 상승했다는 사실을 알 수 있다. 그리고 이 액체는 온도 증가에 따라 부드럽고 일정하게 상승할 것이다. 수은은 섭씨 영하 38.8도로 내려갈 때까지 액체 상태를 유지하고, 섭씨 356.7도가 넘어야 끓기 때문에 온도계에 가장 적합했다. 그리고 붉은 색소를 첨가한 알코올은 섭씨 62.8도에서 끓으므로 사람의 체온을 확인하기에는 충분했다.

그런데 수은이든 알코올이든 액체의 높이가 온도에 따라 변하는 이유는 무엇일까? 물체가 가열되었을 때 확장된다면, 유리 원기둥도 확장되어서 액체의 높이가 실질적으로는 변하지 않아야 하지 않을까? 어떤 물질이 고체든 액체든 기체든, 그 원자 각각의 평균 에너지를 나타낸 것이 온도다. 대부분 물질에는 원자 사이의 힘에 ('안어울림항anharmonic term'이라고 하는) 작은 여분의 구성요소가 있어서 다른 쪽 방향보다 한쪽으로 당기는 힘을 더욱 강하게 한다. 이는 온도 증가에 따라 작지만 실질적인 원자의 상대적 이동으로 이어진다. 온도를 가했을 때 물질의 부피 증가량은 원자의 상세한 배열과 그 물질을 고정시키는 원자에 작용하는 힘의 본질에 의해 좌우된다. 유리는 수은이나 알코올보다 안어울림항이 훨썬 적어서 체온계 안의 액체를 가열하면 그 액체는 유리 용기보다 빠르게 확장된다.* 유리는 열을 잘 전도하지 못한다 (그래서 단열재로 사용하기에 괜찮다). 따라서 액체로 채운 유리관 온도계는 그 안의 수은이나 알코올이 환자의 체온과 동일한 온도에 도달하게 하려면 어느 정도의 시간 동안 환자의 혀 밑에 접촉한 상태로 두는 것이 꼭 필요하다.

어떤 시스템이든 온도에 따라 균일하게 변하는, 쉽게 측정되는 물리적 특성이 있는 한 온도계로 사용될 수 있다.[10] 이 특성은 고체의 구조적 특성만이 아니라 그 전기적 특성도 포함한다. 금속은 원자의 진동이 증가하는 고온에서는 전기를 잘 전도하지 못한다. 토스터 전선의 불완전성으로 인해 그 저항이 증가했던 것처럼, 이렇게 흔들리는 원자는 전류의 흐름을 방해하는 장애물이 된다. 반도체도 전도는 그리 잘하지 못한다. 반도체의 모든 전자는 원자 사이의 화학결합

---

* 엔지니어는 맞물리는 기어와 같은 장치의 부품이 온도에 따라 그 분리도가 바뀌지 않도록 열에 의한 물질 확장에 아주 조심해야 한다. 이 점은 때로 유익하게 활용할 수도 있다. 양면이 서로 다른 금속으로 이루어진 금속 조각은 각 면의 열팽창계수가 다를 것이다. 이 금속 조각을 코일로 바꾸면, 온도에 따라 풀어지거나 팽팽해질 것이다. 구형 온도 조절 장치에서는 이렇게 온도에 따라 코일이 풀어지거나 팽팽해지는 현상을 이용해서 스위치를 기계적으로 움직였다. 이런 기능은 용광로에서 나온 열기를 증가 또는 감소시키거나, 사전 설정한 온도에 이른 토스터를 끄는 데 이용되었다.

에 갇혀 있기 때문이다. 온도를 증가시키면 일부 전자가 화학결합의 제약을 일시적으로 벗어날 수 있어서 전기 저항을 크게 낮춘다. 이처럼 온도에 따라 전도율이 어떻게 달라지는지 계산함으로써 금속이나 반도체 저항을 측정하는 열 센서로 사용할 수 있다.

전기를 이용해서 온도를 측정하는 또 하나의 흔한 기술을 적용한 기기가 '열전대 온도계thermocouple'다. 두 개의 다른 금속이 하나의 지점에서 융합되면,[11] 온도에 민감한 접합면 전반에 걸쳐 전압이 발생할 수 있다. 서로 다른 금속은 부피당 자유전자의 수도 다를 것이므로 한 금속은 다른 금속에 비해 자유전자가 많을 수 있다. 이 금속들을 합치면 기체 원자가 고기압 지역에서 저기압 지역으로 확장하는 것처럼 한쪽 금속에 있던 전자가 다른 쪽으로 이동할 것이다. 합치기 전에 각각의 금속은 음전자의 수와 양전하를 띤 이온의 수가 같았지만, 하나로 합쳐지고 전자가 재분배된 후에는 접합지점 전반에 실질적인 전하차가 생긴다. 따라서 작지만 측정 가능한 전압이 두 금속 사이에 형성된다. 금속 접합 지점의 온도가 변함에 따라 일부 전자가 한쪽에서 다른 쪽으로 움직이므로 온도 변화에 따라 전압도 변할 것이다. 금속은 또한 열전도에 아주 좋은 재료이므로 열전대 기반의 전자온도계는 아주 신속하게 정확한 온도를 표시한다. 열전대 접합 지점에 의해, 또는 온도 변화에 따른 금속이나 반도체의 저항 변화에 의해 만들어진 전압은 전자온도계의 센서 칩으로 감지되고, 이것이 액정표시장치(LCD)에 측정 온도를 표시하라는 명령을 내린다.

오전 9시 40분

방사선사는 폭이 넓은 검진 탁자 위에 하얀 종이가 펼쳐져 있는 X선 실로 A를 데려가더니 아픈 쪽 발의 신발을 벗어달라고 한다. 방사선사는 검은색의 큰 사각 플래터를 탁자 위로 밀어서 놓고 발목을 그 위에 올려달라고 A에게 부탁한다. A는 발목을 적절한 위치에 맞춰 놓으려고 우스운 각도로 다리를 뻗어야 한다. X선의 광원이 천장에서 아래로 내려온다. 방사선사는 A의 발이 올바른 방향을 향하고 있는지 확인하고, A의 몸통과 중앙 부위를 납선 덮개로 덮는다. 그리고 잠시 보호벽 뒤로 물러나서 X선을 켠다. 기계 소음이 살짝 나는가 싶더니 X선 스캔이 끝난다. 방사선사는 스캔과 동시에 A의 발이 움직였다는 사실을 곧바로 알고는, 돌아와서 A의 다리 위치를 재조정한다. A는 꼼짝하지 않으려고 애를 쓰는 동안, 이번에는 스캔이 성공한다. A가 X선 사진을 현상하는 데 시간이 얼마나 걸릴지 물어보자 방사선사는 A의 발목을 찍은 고해상도 X선 사진을 컴퓨터 화면으로 보여준다. 그는 이 사진을 이미 의사에게 전송했다고 알려준다. A가 신발을 신자 방사선사가 검사실로 안내해준다. 그러고는 곧 의사가 올 것이라고 일러준다.

◇◇◇◇◇◇◇◇

X선은 라디오파, 마이크로파, 가시광선, 자외선와 같은 전자기 방사선이다. X선을 만들어내는 가장 일반적인 방법은, 변화하는 전류가 변화하는 자기장을 만들어 낸다는, 앞에서

96 · 소소한 일상의 물리학

여러 번 언급한 물리 원리를 이용하는 것이다. X선관에서는[12] 전선이 관의 한쪽 끝으로 전자를 방출하고, 다른 쪽 끝의 스크린 메시screen mesh 위에 양의 전압이 이 전자들을 가속시켜서 매우 높은 운동에너지를 가지도록 한다. 이 장치는 진공관의 전신인, 공기를 제거한 유리병(이로 인해 공기 분자에 의한 전자의 산란이 최소화된다) 안에 밀봉되어 있다. 대부분의 전자는 양전하를 띤 메시의 전선에 부딪히지 않고 스크린의 구멍을 통과해서 쏜살같이 빠져나간 다음 음의 전압이 있는 또 다른 판에 도달하는데, 이 전압은 이들의 속도를 일부러 급하게 늦춰준다. 전자 운동에 조금이라도 변화가 있으면 전자기파가 방출된다(토스터 전선에서 나오는 붉은 빛을 생각해보자). 적절한 상황에서 속도를 내는 전자의 급격한 감속은 원자 한 개 정도 크기의 아주 짧은 파장의 빛을 만들어 내는데, 이를 X선이라고 한다.*

X선은 사람의 발목과 같은 고체 내로 들어오면[13] 그 물질의 원자에 있는 전자들과 상호작용한다. 이 전자들은 임의의 방향을 비추는 거울처럼 X선을 흩어지게 한다. 따라서 일부

---

* 물리학자들은 이 빛을 '브렘슈트랄룽bremsstrahlung'이라고 부르는데, 이는 '제동복사'를 의미하는 독일어다.

그림 3 **X선 스캔 과정**

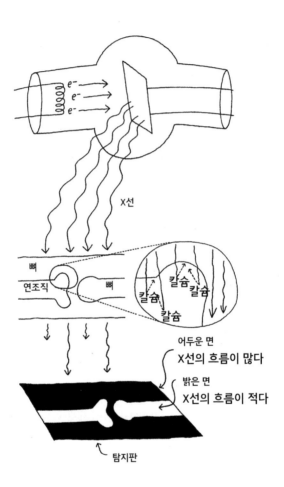

X선은 탐지판까지 직선으로 계속 가는 반면, 대부분은 다른 방향으로 반사된다. 원자의 전자 수가 많을수록 X선을 흩어지게 하는 효과가 좋다. 탄소는 전자가 6개뿐이므로 유리판 위에 아주 얇은 금속막이 있는, 빛을 잘 통과시키는 거울과 비슷하다. 납은 전자가 82개이므로 X선을 잘 흩어지게 하는 반사율 높은 거울과 비슷한 역할을 한다. 이 때문에 X선은 납을 뚫고 지나가지 못한다. 금은 전자가 79개이므로 납만큼 X선이 통과하기 어렵다(치과에서 원치 않는 X선 노출을 막는 데 사용하는 차단막이 금이 아닌 이유는 분명하다[*]).

물 분자는 전자가 10개뿐(산소 원자로부터 8개, 두 개의 수소 원자로부터 각각 1개씩)이므로 X선을 크게 흩어지게 하지 못한다. 사람 몸도 대부분 물이므로 X선이 쉽게 통과한다. 칼슘 원자는 전자가 20개이므로 X선이 흩어지는 정도가 물 분자의 두 배다. 사람 뼈의 원자가 X선을 반사시키므로 X선 사진에 밝게 나타난다. 치아 구멍이나 뼈가 골절된 부분처럼 원자가 없는 영역은 X선을 흩어지게 하지 못하므로 탐지판에 어둡게 나타난다. 부드러운 조직에서도 원자의 밀도가 높은 부분은 주변보다 반사물이 많으므로 이런 부위는 X선 스캔을 통

---

[*]   너무 비싸다는 점 때문이기도 하지만, 도난 문제도 골치 아플 것이다.

해 감지할 수 있다. 대비 효과를 높이기 위해 X선 스캔 시 요오드(전자 수는 53개)나 바륨(바륨의 전자 수는 56개이고, 소화기관 촬영에 사용되는 황산바륨은 104개)의 화합물이 들어 있는 액체 섭취가 필요한 경우도 있다. 이 분자들로 인해 X선을 더 많이 흩어지게 함으로써 의사는 X선 강도를 위험한 수준까지 증가시키지 않아도 정확한 사진을 얻을 수 있다.

내부 모습을 볼 수 있다는 것은 의사와 진단학자에게 큰 도움이 되기는 하지만, 2차원 사진 하나만으로 얻을 수 있는 정보량에는 한계가 있다. 상세한 3차원 사진이 이상적이다. X선을 흩어지게 하는 사람 몸 안의 물질은 2차원으로 보면 커도 3차원으로 보면 팬케이크처럼 얇을 수도 있다. X선 사진이 찍은 방향이 '팬케이크'의 가장자리 쪽이라면 길쭉하면서 폭이 좁은 쐐기처럼 보일 테니 걱정할 일이 아닐 수도 있다. 상세한 3차원 사진은 실제 크기와 범위를 정확하게 보여줄 것이다. 물론 (범인 얼굴 사진처럼) 서로 직각을 이루는 두 곳에서 찍은 사진에만 의존해서는 안 된다. 그 물질이 양면 중 한쪽 면에만 놓여 있어서 도움이 되지 않을 수도 있기 때문이다. X선을 사용해서 상세한 3차원 이미지를 구성하기 위해서는 사진을 여러 장 찍어야 하며, 각각의 사진은 조금씩 다른 위치에서 촬영해야 한다. 여러 장의 X선 사진을 합처서 3차원 사진을 만들어내는 과정은 '단층 촬영'으로 알려져 있다. 컴퓨터로 그림자 문제를 해결하고 완전한 3차원 사진으로 추출하면, 이런 종류의 X선 촬영을 컴퓨터 지원 단층 촬영Computer Aided Tomography[14] 즉 CAT 스캔 또는 CT 스캔이라고 한다.

단층 촬영tomography(그리스어로 '부분으로 나눠 글쓰기'라는 의미다)은 (X선이나 소리처럼) 내부로 뚫고 들어가는 탐색 수단을 사용해서 사진을 연속으로 찍는 과정이다. 물체를 뚫고 지나가며 얻은 단면을 사람이 체계적으로 이동했을 때 완전한 3차원 이미지를 재구성할 수 있다. 탁자 표면에 평행인 단면을 이용해서 탁자 위에 놓은 오렌지의 이미지를 구현하는 일을 생각해보자. 맨 위에 있는 첫 번째 단면은 작은 점이 될 것이다. 단면판이 탁자의 표면을 향해 아래로 움직일 때, 이미지는 점점 커지는 원이 된다. 일단 오렌지의 한가운데 지점을 통과하면, 이 원들은 점점 작아져서 오렌지의 맨 아래에서는 다시 작은 점으로 된 최종 단면이 나온다. 지름이 각각 다른 원으로 이루어진 개별 단면을 비교하고 합쳐보면, 오렌지를 구와 같은 모양이라고 결론지을 수 있다. 또는 이와 같은 과정을 수프가 들어 있는 깡통을 대상으로 실행하면 일정한 크기로 계속되는 원들의 이미지를 얻을 수 있고, 따라서 수

프는 원통 안에 저장되어 있음을 알게 된다. 이처럼 간단한 사례는 손으로 분석할 수 있다. 사람을 대상으로 하는 경우, 사진 단면을 재구성하려면 컴퓨터가 필요하다. 개별 단면 수가 많을수록 그 결과로 나오는 사진은 정확할 것이다. 하지만 이렇게 하면 2차원으로 단 한 번 스캔하는 것에 비해 X선에 노출되는 시간이 늘어나기도 한다.

오전 9시 50분

◇◇◇◇◇◇◇

1분 후에 의사가 들어온다. 그는 A에게 인사를 건네고 어떻게 지내는지 물어본다. A는 왼쪽 발목 통증만 빼면 잘 지내고 있다고 대답한다. 자신의 노트북 컴퓨터에 있는 A의 병력 파일에서 사진 하나를 고른 의사는 방금 찍은 발목 X선 사진을 보여주며, 발목에 작은 관절염이 있다고 말한다. A는 관절염이 생기기에는 자신이 너무 젊다고 항변한다. 그러자 의사는 예전에 운동하다가 다친 것 같다고 추측한다. A가 오래전 학창 시절에 뼈에 실금이 간 것을 발목이 부은 것으로 착각했을지도 모른다. 의사는 코르티손 주사를 맞으면 분명 통증이 줄어들 것이라고 말한다. 의사는 **초음파 영상**을 이용해서 현재 염증이 발생한 부위를 정확히 찾아 주사를 놓을 것이다. 이 과정은 한 시간 정도 걸리는데, 마침 초음파 영상기가 당일에는 모두 이미 예약되어 하루를 더 기다려야 한다. A는 그때까지 그냥 해오던 대로 지낼 수밖에 없다. 의사는 접수 담당자에게 가면 코르티손 주사 예약을 잡을 수 있다고 A에게 말하고는, 그전까지 복용할 강력한 진통제를 처방해준다.

◇◇◇◇◇◇◇

소리는 파동 현상으로서, 의외일지 모르겠지만, 시각적 도구로 사용할 수도 있다. 의학에서 음파는 환자의 몸속 상태를 알려주는 도구로 이용된다. 전자기파는 진공 상태인 빈 공간을 통해 전달되는 반면, 음파는 기체·액체·고체 중 한 가지 매질의 도움을 받아야만 존재할 수 있다. '초음파 검사'

로도 알려진 초음파 촬영법[15]에서 그 매질은 사람의 몸이다. 소리의 속도는 매질의 밀도에 따라 바뀐다는 사실이 초음파 촬영법의 원리가 된다. 음파는 매질의 밀도 내에서 주기적으로 변한다. 기타 줄을 튕기면 줄의 특성 즉 장력, 질량, 길이에 의해 결정되는 일정한 진동수로 진동한다. 기타 줄이 진동하는 모습을 생각해보자. 기타 줄의 한가운데는 특정한 진동수로 올라갔다 내려갔다 하며 움직인다. 줄은 올라가면서 공기 분자들과 충돌하고, 그것이 움직이는 방향으로 그 분자들을 밀어낸다. 기타 줄이 밀어내는 공기는 그 앞에 있는 분자들과 함께 쌓이고, 그 뒤로는 공기 분자가 상대적으로 고갈된 영역이 남게 된다. 기타 줄이 아래로 내려갈 때는 그 위쪽 공기는 건드리지 않으므로 이번에 줄이 진동하는 단계에서는 공기 분자의 밀도가 약간 낮아진다. 그다음 위로 올라갈 때 기타 줄에 의해 다시 한번 공기 분자는 고밀도 영역에 쌓인다. 따라서 진동하는 기타 줄은 바깥 방향으로 퍼져나가는 공기 밀도를 주기적으로 조절한다.

소리는 물과 같은 액체를 통과할 때도 이와 동일한 물리적 과정에 따라 이동한다. 사람은 대부분 물로 이루어져 있으므로 음파는 사람을 관통해서 전송될 수 있다. 다만 파동의 속도는 액체 매질의 특성에 의해 좌우된다. 다른 모든 조건이 같다면, 매질이 밀집되어 있을수록(다시 말해, 원자가 한데 몰려 서로 붙어 있을수록), 그리고 매질의 원자 사이의 연결이 강할수록 음파가 빨리 통과할 것이다. 음속이 바뀌는 두 가지 매질 사이의 접점에 음파가 부딪히면 파동의 일부가 이 경계에서 반사된다. 음파가 나오는 곳의 위치 변화에 따른 반사의 변화를 측정함으로써 사람 몸 안의 밀도 변화를 지도로 상세하게 그릴 수 있다.

의료용 영상기기에서 사용하는 일반적인 초음파 진동수는 대략 초당 20억~30억 사이클이다. 이는 청각이 아주 뛰어난 사람이 감지할 수 있는 범위보다 훨씬 높다. 이렇게 진동수가 높은 음파는 그만큼 파장이 짧은데, 이는 영상화에 바람직하다. 파장이 짧을수록 파동을 흩어지게 할 수 있는 능력이 줄어든다(자동 주차에서 사용하는 레이더와 라이다도 마찬가지다). 정점 사이의 거리가 1미터인 파동이 길이 3.5밀리미터인 물체에 부딪친다면 그 파동의 의미 있는 변화를 사람은 감지하지 못할 것이다.* 초음파 촬영기기는 몸 안의 소규모

---

* 이 때문에 광학 현미경을 사용해도 단일 원자나 작은 분자를 볼 수 없다. 가시광선의 파장은 원자 지름의 약 1,000배에 이른다. 단일 원자를 촬영하기 위해서는 전자현미경과 같이 양자역학 기술을 이용해야 한다.

구조를 감지하기 위해 가시광선의 파장과 비슷한 파장을 지닌 음파를 사용한다. 하지만 이런 음파는 가시광선과는 달리 사람 피부를 관통할 수 있고, 나중에 내장에서 반사된다.

초음파 영상 시스템에서는 압전 재료가 음파를 만들어낸다. 양극과 음극 사이를 매끄럽게 진동하는 교류 전압을 사용해서 압전 재료가 수축과 팽창을 반복하게 하면 진동하는 기타 줄과 같은 방식으로 음파를 만들어낼 수 있다. 매우 높은 진동수로 진동하는 압전 재료는 사람 몸 안의 유체와 같은 결정체와 접촉하는 모든 매질에 압력파를 만들어낸다. 초음파 영상을 준비할 때 사람 피부에 바르는 젤은 압전 변환기와 사람 몸 사이의 밀도를 맞추기 위한 것이다(이를 '임피던스 정합'이라고 한다). 이를 통해 초음파 파동이 피부 자체에서 반사되지 않도록 한다. 파동이 몸의 내부로 들어와서 밀도 변화가 있는 접점에서 반사되면 음파 속도에 변화가 일어난다. 반사된 파동은 그 후 압전 재료에 의해 감지되는데, 이 압전 재료는 고체를 수축·팽창하게 하는 진동 압력파에 영향을 받아 결국 전압을 발생시키고, 이 전압을 처리해서 영상으로 변환한다. 이런 접점은 다소 희미해서 그 결과로 얻은 초음파 사진도 흐릿하다. 초음파를 쏘는 곳의 위치를 변화시키면 여러 각도에서 반사가 되며, 간단한 단층촬영이 이루어진다.

　영상을 얻는 데 적용하는 공학 기술과 데이터 처리는 매우 복잡하지만, 깊이 들여다보면 그 물리적 원리는 사람이 밤중에 창밖을 내다보는 순간 유리창에 반사된 자기 모습을 볼 때 작용하는 것과 본질적으로 같다.

오전 10시

◇◇◇◇◇◇◇◇

A는 접수창구에 들러서 초음파 검사와 코르티손 주사 예약을 하려고 한다. 하지만 접수 담당자가 모니터에 표시된 의사의 메시지를 잘못 읽고, A가 자기공명영상법Magnetic Resonance Imaging 즉 MRI를 하는 것으로 착각한다. 담당자가 A에게 어느 병원에서 할 것인지, 그리고 문신이 있는지를 물어보자 A는 의사소통에 착오가 있다는 점을 깨닫는다. 1분쯤 후에 상황이 정리되어 A는 MRI를 찍을 필요가 없다고 한다. A는 스마트폰 달력을 확인한 뒤 다음 주 월요일에 코르티손 주사를 맞기로 한다.

◇◇◇◇◇◇◇◇

MRI는 원자의 구성요소 즉 전자, 양성자, 중성자 각각에 N극과 S극이 있는 조그마한 막대자석처럼[16] 작은 자기장이 내재한다는 사실을 이용한다.* 원소가 다르면 그 핵에 있는 양성자와 중성자 수도 달라서 서로 다른 핵 자기장을 만들어낸다. 사람 몸에 있는 자성을 띤 원자 각각의 자기장을 어떻게 측정할 수 있을까? 모든 핵 자석이 한 방향을 가리키게 하고 그것을 180도로 뒤집는 데 어느 정도의 에너지가 필요

---

* 사실 MRI를 처음에는 핵자기공명영상법Nuclear Magnetic Resonance Imaging 즉 NMRI 라고 했지만, 마케팅 때문에 N을 빼버렸다.

한지를 확인하면 가능하다. 사람 몸에 있는 원자의 핵에서 만들어지는 자기장은 매우 약하다. 평상시에 이 자석은 온갖 방향을 가리키므로 사람 몸은 실질적으로 자성을 띠지 않는다. 아주 큰 전자석이 있다고 해보자. 그 자기장의 N극이 (설명의 편의를 위해) 천장을 가리키고 있는데, 그 안에 사람이 누우면 그 사람 몸에 있는 핵 자석은 이 외부 장과 나란해지려고 할 것이다. 나침반 가까이에 자석을 놓으면 바늘이 자석 쪽으로 끌려가는 것과 같은 이치다.**

정확하게 말하자면, 핵 자기장은 외부 자석과 같은 방향을 가리키고 있을 때 에너지가 가장 낮다. 그리고 자석 방향과 정반대로 정렬된다면 에너지가 가장 높다. MRI가 작동하는 곳에는 금속이나 신용카드를 가지고 가면 안 된다. MRI의 강력한 전자석이 강한 자성을 내기 때문이다. 마찬가지로 MRI의 변화하는 자기장은 사람 몸 안에 있는 금속을 가열

** 순수물리학자들은 엄밀하게는 핵의 회전이 외부 자기장과 완전하게 나란해지지 않는 대신 자기장을 중심으로 옆돌기 운동을 한다는 점을 알아차릴 것이다. 〈사랑은 비를 타고〉에서 진 켈리Gene Kelly가 자력이 있는 가로등 기둥 주위를 일정한 각도로 회전하는 것처럼 말이다. 더욱 순수한 순수물리학자들은 이것이 정확하게는 양자역학적 과정이며, 외부 자기장에 대한 핵 자석 에너지의 민감성은 제이만 효과Zeeman effect라는 점에 주목할 것이다. 하지만 이것을 다 알고 있는 사람이라면 굳이 이 책을 읽는 이유가 무엇일까?

할 수 있다. 만일 금속성 잉크로 문신을 했다면 피부도 가열할 수 있다.

원자핵의 자기장은 극도로 약해서 원자를 아주 강한 외부 장에 놓아도 외부 장의 반대 방향을 가리키도록 하기 위해 그것을 회전시키는 데 그리 큰 에너지가 들지 않는다. X선과 감마선이 매우 높은 에너지를 지닌 빛의 형태라면, 핵 자석을 뒤집는 데 필요한 빛은 전자기 스펙트럼의 반대편 끝인 라디오파에 있다. 이는 반길 만한 일이다. 라디오파는 사람의 피부와 몸을 쉽게 관통하기 때문이다. 양자역학적으로 볼 때, 빛은 '광자'라는 분리된 에너지 뭉치로 이루어져 있다. 어떤 형태의 빛이든 그 에너지는 진동수에 의해 결정된다(이 사실은 1905년에 아인슈타인이 최초로 알아냈다.[17] 그는 같은 해에 특수 상대성 이론을 발표했다).

서로 다른 원자의 서로 다른 핵은 내부 자기장이 약간 다를 것이고, 이는 핵 자석을 뒤집는 데 필요한 입사 라디오파의 광자 에너지도 핵에 따라 조금 다르다는 뜻이다. 양자역학의 한 가지 특징은, 핵과 원자와 같은 시스템이 에너지 준위의 분리에 정확하게 일치하는 경우에만 광자 에너지를 흡수할 수 있다는 점이다. 광자에 에너지가 지나치게 많거나 적으면 흡수하지 못한다.

사람은 라디오파 주파수를 아주 정확하게 맞출 수 있다. 라디오 다이얼이 100.3메가헤르츠에 맞추어져 있는데 100.0메가헤르츠에서 나오는 라디오 방송을 들으려고 해본 사람이라면 누구나 겪어본 일이다. 뚜렷한 MRI 신호[18]는 사람 몸에 있는 모든 세포를 채우고 있는 물 분자로부터 온다. 한 짝을 이루는 양성자(또는 중성자)가 결합하여 하나의 N극이 다른 하나의 S극과 마주하게 되어 각각의 짝에는 실질적인 자기장이 없다. 물에 있는 산소 원자에는 양성자 수와 중성자 수가 짝수이고, 결과적으로 그 핵에도 실질적인 자기장이 없다. H_2O에 있는 수소 원자는 본질적으로 고립된 양성자이고, 이들의 내부 핵 자기장은 MRI에 있는 외부에서 가해진 자기장과 상호작용한다. 이 수소 원자 덕분에 신호가 감지된다.*

이런 자성을 띤 다른 핵에서 오는 신호의 위치를 비교함으로써 MRI 스캔에서 대비를 얻게 된다. MRI에서 자기장은 사람 몸의 한쪽으로는(가령 왼쪽으로) 의도적으로 매우 약하게

---

* 몸 안에는 실질적인 핵 자기장이 있는 다른 원자들이 있다. 가령 칼슘, 나트륨, 인, 질소, (뒤에서 자세히 설명하겠지만, 양성자보다 중성자가 더 많은) 탄소와 산소의 동위원소 등이다.

만들어지고, 몸통을 가로질러 갈수록 강도가 일정하게 커져서 (이 사례에서는) 오른쪽이 가장 강해진다. 따라서 핵 자석은 사람 몸의 왼쪽으로 자체 방향을 뒤집는 데 아주 적은 에너지를, 오른쪽으로 뒤집는 데는 많은 에너지를 필요로 한다. 유입되는 라디오파의 진동수 즉 에너지가 변함에 따라 그것이 얼마나 흡수되는지를 확인함으로써 몸 안에 존재하는 원자의 수와 종류를 알아낼 수 있다. 컴퓨터의 도움을 받아 이 정보를 모두 합치면 사람 몸속 영상이 만들어진다.

핵 자석은 온도가 평균 섭씨 37도인 사람 몸 안에 있는 원자의 한가운데에 있다. 사람의 체온 에너지는 핵 자기장과 외부 자기장을 분할하는 에너지에 비해 훨씬 커서 외부 자기장을 가리키는 핵 자석의 수와 열 교란 때문에 자기장의 반대 방향을 가리키는 것의 수의 비율은 1대25,000이다.

MRI 기기는 이 작은 신호에 맞서 싸우기보다 그것을 이용해서 영상의 대비를 얻는다. 이 시스템에 먼저 라디오 에너지 광자들의 꾸준한 흐름이 쏟아 부어져서 나중에는 뒤집어진 핵 자석과 그렇지 않은 것의 수가 동일해진다. 다시 말해, 외부 자기장과 같은 방향을 가리키는 핵 자석의 수와 그 반대 방향을 가리키는 것의 수가 같아서, 자석들의 절반은 N극이 위를 가리키고 나머지 절반은 N극이 아래를 가리키므로 실질적인 핵 자기장은 0이 된다. 이제 라디오 에너지 광자의 흐름이 멈추면 자기장의 반대 방향을 향하던 핵 자석은 낮은 에너지 상태로 방향이 바뀌고(자기장과 나란해지고), 앞서 설명한 대로 라디오파 광자를 방출한다.

외부 자기장에 반대 방향을 향하던 자석보다 나란해진 자석이 조금 더 많은 상태에서 시스템이 원래 배치 형태로 완화되기까지는 얼마나 오래 걸릴까? 이 완화 시간은 분석 대상이 되는 핵 자석에 가까이 있는 다른 원자에 민감한 것으로 밝혀졌다. 핵 자석이 원래 상태로 돌아오기까지의 시간을 측정함으로써 어떤 종류의 다른 원자가 가까이 있는지에 관한 정보를 추출할 수 있고, 이로부터 사람 몸 안에 있는 유기물의 선명한 영상을 만들 수 있다.

놀랍게도 조직의 미세한 생물학적 상태가 자성의 완화 시간에 영향을 미칠 수 있다. 예를 들어 조직 덩어리가 양성인지 악성인지를 자성 완화 시간 측정을 통해 판단할 수 있다. 최근 한 연구[19]에서는 암 종양이 양성 종양에 비해 훨씬 빨리 성장하므로 신진대사도 더욱 활발할 것이라는 점을 활용했다. 환자는 자성을 띤 핵이 풍부하게 들어 있는 포도당의 일종을 주사로 맞았다. 암 종양은 주변을 둘러싼, 암이 아닌 물질보다 이 포도당을 더 빨리 받아들이고, MRI 영상에서 이 악성 종양이 밝은 영역으로 나타나므로 감지하기가 쉬워진다.

이렇게 우리는 핵물리학을 사용해서 몸속을 들여다보는 동시에 진단까지 내릴 수 있다.

제**4**장

공항

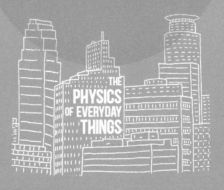

오전 10시 30분

A는 공항으로 빠르게 이동한다. 고속도로에서 내려와 제한속도인 시속 50킬로미터로 차분하게 속도를 늦추면서 공항으로 들어가는 차량 행렬에 합류한다. A는 장기 주차장에 주차할 수 있는 차선으로 이동한다. 주차요금 정산기 앞에 차를 대니 자동 음성 안내가 나와 주차요금을 시간당 2달러씩 할인받고 싶은지 A에게 물어본다. 이 음성은 주차권을 요청하는 대신 A가 **신용카드**로 요금을 내게 하려는 메시지다. 다음 날 주차장을 벗어날 때 요금 정산 시스템이 완전히 자동화되어 있으므로 A는 신용카드를 다시 삽입해서 지난 밤 사이의 주차에 대한 요금을 낼 것이다. A는 여행할 때 제일 자주 쓰는 신용카드를 꺼내서 주차요금 정산기에 밀어 넣는다. 그리고 다시 재빠르게 카드를 빼내자 흰색과 주황색 줄무늬가 그려진 바리케이드가 올라가며 주차장으로 향하는 입구가 열린다.

청구 계좌에 관한 정보는 다양한 형식으로 신용카드에 저장되어 있다. 계좌번호 자체가 카드 전면에 인쇄되어 있거나, 카드에 부착된 폭 6밀리미터 정도의 자기 테이프에 저장되어 있거나, 신용카드에 내장된 메모리칩에 저장된 경우도 있다. 각각의 저장 방식에는 서로 다른 물리적 원리가 적용된다.

카드 앞면 숫자는 정보를 저장하는 방법 중 가장 단순하다. 어쩌면 속임수 같다고 할 정도로 단순하다. 최근에 나오는 신용카드에서는 더는 사용하지 않지만, 원래 이 숫자들은 카드 뒷면에서 도장처럼 찍어서 카드 표면 위로 튀어나오게 했다. 카드 표면 위로 계좌번호를 돌출시키는 것은 판매자와 구매자 모두에게 보관용으로 영수증 복사본을 줄 때 아주 유용하다. 이 경우에는 꽤 옛날 기술이라고 할 만한 먹지 carbon paper[*]('카본지'라고 부르기도 함 – 옮긴이)에 기반을 둔, 정교한 재료과학 원리를 활용했다.[1] 먹지가 없으면 속이 빈 구형의 작은 입자에 잉크를 채워 넣은 특수용지를 사용했다. 이 입자의 껍질은 그리 강하지 않아서, 종이 위를 꾹 누르면 쉽게 부서졌다. 신용카드 임프린터의 경우에는 카드에 돌출된 계좌번호 위에 종이를 올리고 실린더를 굴린다. 이 굴림대는 돌출된 계좌번호 위를 지나갈 때만 종이를 눌러서 잉크가 들어 있는 입자를 부수고 열 수 있도록 그 높이가 정해져 있고, 이를 통해 특정 신용카드를 그 상점에서 사용했다는 사실을 영구적으로 기록한다.

계좌번호와 추가 정보는 신용카드의 자기 테이프에도 저

---

[*]　원래는 밀랍 같은 종이로, 검은 탄소 입자들이 일반 용지 두 장 사이에 삽입되어 있다.

장된다.[2] 이 테이프에는 일련의 자기구역magnetic domains이 포함되어 있는데, 자기구역의 N극은 한쪽 방향 아니면 그 반대 방향을 가리킨다. 사람이 두 가지 숫자를 확인하기만 하면 되는 한, 자석은 정보 기록에 이상적이다. 두 가지 입력치(가령 위에 있는 것이 N극인지 S극인지, 또는 트랜지스터의 전류가 많은지 적은지)만을 사용해서 숫자를 표시하는 방법은 '이진수'와 관련이 있다. 이진법 정보는 오늘날 모든 디지털 데이터 처리의 기초다.[3] 이것이 어떻게 작용하는지 살펴보자.

십진수를 기반으로 하는 사람의 셈법은 합리적이고 상대적으로 단순하지만, 숫자를 표현하는 방식에는 여러 가지가 있다. 컴퓨터에서처럼 전류를 다룰 때 가장 간단한 방법은 스위치를 이용하는 것이다. 스위치는 열려 있거나(이 경우, 회로는 끊긴다) 닫혀 있다(이때는 전류가 흐를 수 있다). 이와 비슷하게 신용카드 자기 테이프나 자기 하드디스크에 있는 자성원자의 작은 클러스터는 N극이 한 방향 또는 그 반대 방향 중 하나를 가리킬 수 있다. 이는 손쉽게 점 아니면 대시, '끄다' 아니면 '켜다', 0 아니면 1로 나타낼 수 있다. 이 두 가지 숫자로 수를 표현하는 체계를 이진법이라고 하는데, 컴퓨터의 논리와 작동 체계에서 핵심이 된다.

화폐 단위가 한정되었을 때 잔돈 만드는 일을 생각해보

자. 지폐가 1, 10, 100, 1,000 등의 단위로 이어지고 다른 지폐는 없다고 가정하자. 다시 말해, 1에서 시작해서 그보다 높은 단위는 이전 단위의 10배다(이를 십진법이라고 한다). 42달러를 만들려면 10달러짜리 4장과 1달러짜리 2장이 필요하다. 또 다른 예로, 내가 100달러 2장, 10달러는 0장, 1달러 4장을 갖고 있다면, 204달러가 된다. 우리는 항상 이렇게 하다 보니, 우리가 십진법을 사용하고 있으며, '204'라고 적는 일이 100단위의 수, 10단위의 수, 1단위의 수를 표현하는 방법이라는 사실을 특별하게 생각하지는 않는다. 십진법의 단점은, 나에게 단위별 화폐가 한 장밖에 없으면 무의미하다는 것이다. 방향이 두 가지뿐인(N극이 위를 향하거나 아래를 향하는) 자석을 사용할 때 이런 상황이 벌어진다. 나에게 1달러 1장, 10달러 1장, 100달러 1장만 있다면, 101을 표현하는 것은 가능하지만 204나 42를 표현하기는 불가능할 것이다.

이제 다른 화폐 형태를 상상해보자. 나에게 단위가 1, 2, 4, 8, 16으로 이어지는 화폐가 있다. 이번에도 1에서 시작하지만, 이제 각각의 상위 단위는 이전 단위에 2를 곱해서 만든다. 이런 셈법을 이진법이라고 한다. 이렇게 해도 나는 원하는 금액을 만들어낼 수 있다. 예를 들어, 21은 16+4+1이다. 십진법에서와 마찬가지로 나는 오른쪽 끝에 있는 1부터 시작해서 왼쪽으로 단위를 추가한다. 따라서 나는 '21'을 10101로 쓸 것이다. 즉 1단위 1, 2단위 0, 4단위 1, 8단위 0, 16단위는 1이다. 이는 십진법보다 길고 어색하긴 해도 큰 장점이 한 가지 있다. 단위별 지폐가 한 장밖에 없다고 하더라도 어떤 숫자든 표현할 수 있다는 점이다.

이진법으로 큰 숫자를 적는 일은 번거롭기는 하지만, 기계식이든 전자식이든, 자석이나 스위치를 사용할 때 숫자를 표현하는 방법으로는 이진법이 실제로 더욱 간단하다. 신용카드 자기 테이프에 자기구역을 사용하는 경우, N값에 1, S값에 0을 할당하면, 21은 오른쪽에서 왼쪽으로 읽을 때 NSNSN 즉 이진법으로는 10101이 된다.* 이와 비슷하게 알파벳 글자와 다른 추상적 기호에도 이진수를 할당할 수 있다.

신용카드 자기 테이프의 경우, 패러데이 법칙을 이용해서 이 정보를 읽을 수 있다. 패러데이 법칙에 따르면, 변화하는 자기장은 전류를 만들어낸다. 대부분의 신용카드 판독기에

---

* 이진법으로 숫자 '2'를 1단위 열 0, 2단위 열 1로 해서 '10'으로 나타내듯이, 사람들은 이제 다음과 같은 '컴퓨터광들의 유머'를 이해할 수 있다. "세상에는 10종류의 사람들이 있지. 이진법을 이해하는 사람과 그것을 이해하지 못하는 사람들 말이야."

서 사람은 스캐너를 통해 신용카드를 기계적으로 당기거나 밀어서 자성을 띤 영역이 코일(또는 다른 자기 센서)을 지나가게 한다.* 처음에는 자석이 코일 아래를 지나감에 따라 코일을 통과하는 자기장은 커지고, 자석이 코일 영역을 빠져나감에 따라 자기장은 작아진다. 전류를 유도하는 것은 코일을 뚫고 가는 자기장의 변화이고, 자석의 N극이 코일과 마주하면 전류가 한 방향으로 도는 반면, S극이 코일과 마주하면 전류는 반대 방향으로 흐른다. 신용카드 리더기의 실제 배치 형태는 단순한 코일보다는 복잡하고, 카드의 검은색 테이프에는 개별적인 세 가지 테이프로 구성되어 각 테이프에 자체 정보가 들어 있다. 하지만 그 기반이 되는 물리적 원리는 똑같다. 한 방향으로 흐르는 전류를 '1', 반대 반향으로 흐르는 것을 '0'으로 정하면, 신용카드 자기 테이프 영역의 자성 방향은 판독기에 있는 컴퓨터칩에 의해 판독되고 해석되는 전류로 변환될 수 있다.**

---

* 많은 자기 테이프 판독기가 컴퓨터의 자기 하드 드라이브에서 사용하는 것과 비슷한 '읽기 헤드'4로 자기구역을 감지한다. 여기에서는 탐지기를 통과하는 전류가 가까이 있는 자기장에 민감하게 반응한다. 앞에서는 좀 더 단순한 예로 코일을 다루었다.

** 이 방식은, 가령 카세트테이프나 오픈 릴 방식의 테이프 재생기에 있는 자기 테이프에 부호화된 정보가 전압으로 변환되고, 이 전압이 증폭되어 처리되었을 때 오디오 스피커를 진동시키는 방식과 같다. 비디오카세트 녹화기VCR에서 정보의 자기 기록 방식은 이보다 정교하지만, 물리적 원리는 같다.

신용카드에 계좌 정보를 넣는 세 번째 방법은, 라디오파를 통해 신용카드 판독기에 있는 수신기와 통신하는 작은 칩을 이용하는 것이다. RFID로 부르는 이 칩[5]은 무선 주파수Radio Frequency(RF) 빛을 이용해서 정보를 식별한다. 신용카드에 있는 이 칩은 하이패스 시스템과 동일한 물리적 원리를 이용하는 카드 리더기와 통신한다. 이 시스템은 차고 출입문 개폐기나 리모컨 키 출입 시스템보다도 보안이 강력하다. 대부분의 신용카드 칩에서는 근거리 자기장 통신Near Field Communication(NFC)이라는 시스템을 사용하는데, 이 시스템에서는 카드로부터의 거리가 약 10센티미터를 넘어가면 무선 신호가 소멸된다(이로 인해 누군가가 신용카드 신호를 도청해서 정보를 훔치기가 어려워진다). 이 때문에 카드를 리더기 안에 삽입하거나, 그것에 아주 가까이 대야 한다. 일단 주차장 출입구에 있는 단말기가 신용카드 정보를 읽고 분석한 다음에는 (만에 하나 운전자가 주차요금을 내지 않을 경우에 대비해서) 이 데이터를 저장하고 문을 열어준다.

오전 10시 40분

A는 차를 주차한 후 트렁크에서 짐을 챙겨 터미널로 향한다. 그런데 오늘 아침 출발할 때 현금 챙겨오는 것을 잊었다는 사실을 깨닫고는 짜증이 난다. 혹시라도 급한 일이 생길지도 모르니 현금을 소지하는 것이 좋겠다는 생각이 든다. 터미널을 둘러보다가 신문 가판대 옆쪽에 있는 ATM 기기를 찾아낸다. 마침 반갑게도 A의 거래 은행 ATM이어서 수수료를 내지 않아도 된다. A가 (자기 테이프가 있는 면의 방향이 올바른지 주의를 기울이며) 현금카드를 삽입하자 평상시 환영 문구가 나오던 화면에서 암호를 물어보는 화면으로 전환된다. A는 네 자릿수 암호를 입력한다. 사용한 지 오래되긴 했지만, A는 개인 암호를 정확하게 기억해낸다. **터치스크린** 화면은 이제 다시 바뀌어서 여러 가지 선택사항을 A에게 보여준다. A가 '예금 인출'이란 이름의 탭을 두드리자 화면이 바뀌면서 인출 액수를 선택할 수 있는 몇 가지 탭이 나타난다. A가 100달러 탭을 누르자, ATM은 종이 영수증을 받고 싶은지 아니면 영수증을 이메일로 받고 싶은지를 묻는다. A가 이메일을 선택하자 잠시 후 빳빳한 20달러 지폐 다섯 장과 함께 현금카드가 기계에서 나온다. A는 돈을 주머니에 넣고 보안검색대로 간다.

ATM 단말기의 화면을 만질 때 이용자의 손가락은 전기 회로의 일부가 된다. 만질 때의 압력을 감지하는 ATM기 화면도 있고, 이용자 몸의 전기 전도성을 감지하는 ATM기 화면도 있다. 압력을 감지하는 터치스크린은 화면이 실제로 손가락 힘에 저항하는 '저항성' 감지 기능을 사용한다.[6] 아주 작은 여러 개의 정사각형으로 가득한 체스판처럼 터치스크린 영역은 정리된 격자무늬로 나누어진다. 사용자가 만지는 화면의 앞면은 전기를 전도하는 투명한 플라스틱이다. 이 플라스틱은 얇은 절연체에 의해 화학적으로 변성된 일종의 유리로부터 분리되었는데, 이 유리도 전기를 잘 전도한다. 사용자가 화면을 누르면 맨 위에 있는 전도체가 맨 아래에 있는 전도성 유리와 접촉해서 회로를 닫히게 하고, 맨 위층과 맨 아래층 사이에 전류가 흐를 수 있게 된다. 전류가 흐르게 된 화면상 위치(즉 '체스판'의 정사각형 수와 그의 위치)를 칩 하나가 기록하고, 이 정보를 처리한다. 이런 방식의 장점은 사용자가 장갑을 끼고 있거나 스타일러스 펜('터치펜'으로 알려지기도 한 전자 필기구 – 옮긴이)을 사용했을 때도 작동한다는 점이다(신용카드 사용 시 서명을 하는 터치스크린은 일반적으로 '저항성'이다). 반면에 단점은, 해상도가 낮아서 서명자의 글씨가 어린아이가 쓴 낙서처럼 보이기도 한다는 점이다. 더구나 화면 위를 물리적으로 눌러야 하다 보니 이런 종류의 터치 센서는 긁히거나 손상되기 쉽다.

좀 더 가벼운 접촉이 필요할 때는 사람의 전기 전도성을 이용하는 터치스크린을 사용한다. 터치스크린에는 이용자의 손가락 아래에 전하를 축적하는 데 사용되는 축전기가 있다.[7] 축전기는 일반적으로 샌드위치의 빵조각처럼 아래위로 포개진 두 개의 금속판으로 구성된다. 음전하를 띤 전자들이 금속판 중 하나 위로 확산되면, 다른 판에는 동일한 양의 양전하가 발생한다. 음전하가 양전하를 띤 판으로 가지 못하게 하기 위해 두 판 사이의 공간은 (이 '샌드위치'의 속 재료인) 절연체로 채운다. 이런 배치는 저항성 터치스크린에 있는 얇은 절연체에 의해 분리된 두 장의 전도체와 비슷하다. 다만 이 경우에는 사용자가 스크린에서 어디를 만지고 있는지를 기록하기 위해 전자 샌드위치를 물리적으로 뭉갤 필요가 없다.

저항성 터치스크린과 마찬가지로 전도성 터치스크린도 정사각형으로 나누어진다. 화면 위에 있는 각각의 작은 정사각형이 축전기이고, 이는 그 아래에 있는 기기 내부의 다른 회로에 연결된다. 정사각형의 전기 용량이 바뀌면[8] 회로가 이 변화를 기록하고, 정보는 입력을 기다리는 컴퓨터 칩으로 전송된다. 인간은 실제로 전하를 아주 잘 실어 나르는 존재다. 사람이 카펫과 같은 전도성이 없는 표면에 대고 몸을 문지를 때 전하를 얻게 되는 과정을 생각해보면 알 수 있다.

그림 4 **터치스크린 화면에 사용되는 평행판 축전기**

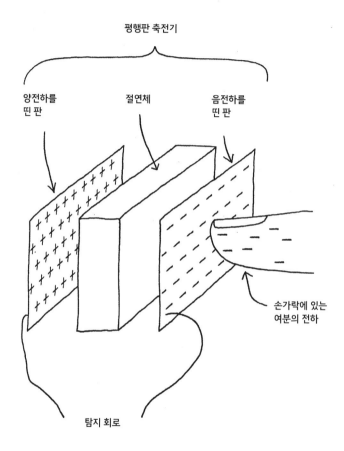

평행판 축전기

양전하를
띤 판

절연체

음전하를
띤 판

손가락에 있는
여분의 전하

탐지 회로

사람이 특정한 위치를 만지면 자기 몸의 전기 용량을 회로에 추가하게 된다. 이와 같은 실질 전기 용량 변화가 감지되면 그곳이 어디인지 알려주는 신호가 처리 장치로 전송된다. 이런 터치스크린의 일부 버전에서는 상위 전도체가 없고, 이용자의 손가락 끝이 축전기를 완성해주는 상위 판이 된다(그리고 대기 중인 회로를 조절해서 어떤 정사각형이 선택됐는지를 판단해준다).* 물(과 땀)도 전도성이 있으므로 이것이 떨어지는 곳이 축전기로 구성된 터치스크린에서 사용자가 선택하려 했던 정사각형과 다르면 센서가 교란될 수 있다.

기본 축전기는 두 개의 금속판으로 구성되지만, 이것이 터치스크린에 사용되는 것이라면 사람은 어디에 손을 대야 할지 절대 모를 것이다. ATM 화면에 뜨는 이미지는 사용자가 만지는 표면 영역을 기록하는 축전기들의 상단 레이어 아래에 있는 화면으로부터 투사된다. 따라서 터치스크린 회로를 구성하는 축전기에서는 빛을 통과시켜야 한다. 이 축전기에는 특수 합금인 인듐 주석 산화물이 사용된다.[9] 인듐 주석 산화물은 전도성이 뛰어나고 창유리와 비슷할 정도로 투

---

* 축전기가 결합된 터치스크린에도 스타일러스 펜을 사용할 수 있지만, 그 끝에 자체 축전기가 있는 특수한 펜이어야 한다.

명하다. 투명한 물질을 전도시키면 두 가지의 역설적 특징을 융합한다. 첫째는 가해진 전압하에서 자유롭게 움직일 수 있는 전하의 높은 밀도(이로 인해 그 물질은 좋은 전도체가 된다)이고, 둘째는 허용된 에너지 준위의 큰 차이다(이로 인해 에너지가 낮은 상태에서 에너지가 높은 상태로 전하를 올려줄 에너지 보유량이 부족한 가시광선이 그것을 통과할 수 있게 된다).

일부 터치스크린에서는 사용자가 손으로 만지거나 미는 영역을 판단하는 데 빛을 이용한다.[10] 빛은 대기나 진공 상태보다 물이나 유리 같은 것을 통과할 때 속도가 느리다. 밀도가 높은 매질에서는 진동하는 전자기파의 전기장이 원자에 있는 전자의 전기장에 간섭한다. 이런 상호작용은 빛에 대한 마찰이나 항력의 형태로 작용한다.

빛이 다른 매질보다 특정한 매질에서 빨리 움직이면, 서로 다른 두 가지 물질을 가르는 경계를 건널 때는 무슨 일이 일어날까?

물을 넣은 유리잔에 든 빨대가 공기·물 접점에서 끊어져 보이는 것을 알아챈 사람이라면 빛의 속도에서도 이런 불연속성을 목격한 것과 마찬가지다. 빛은 두 매질 사이를 지나며 꺾이는데, 출발점과 도착점 사이의 이동 시간을 최소화하는 궤적이 만들어진다. 이 접점에서 광선의 경로가 꺾이는 현상을 굴절이라고 한다. 기체든 액체든 고체든 정해진 물질에서 빛이 얼마나 빨리 움직이는지, 그리고 그에 따라 두 물질 사이의 접점에서 빛이 얼마나 예리하게 꺾이는지를 좌우하는 물질의 특성을 굴절률이라 한다.

굴절률이 높은(속도가 느린) 매질에서 굴절률이 낮은(속도가 빠른) 매질로 빛이 이동할 때 그 경계에서의 각도가 커지면 빛이 너무 크게 꺾여서 굴절률이 높은 물질을 빠져나가지 못할 수도 있다. 이 각도의 값은 두 매질의 굴절률 차이에 의해 결정된다. 각도가 큰 경우에는 빛이 거울에 부딪히면 튕겨 나오는 현상처럼 접점에서 반사된다. 이런 현상을 '내부 전반사'[11]라고 하는데, 이는 광섬유 케이블의 기반[12]이 되고 초음파 촬영에서도 활용된다.

내부 전반사라는 물리적 과정은 일부 신형 터치스크린에 적용된다. 스펙트럼에서 적외선 부분의 빛을 방출하는 다이오드들이 판의 양면에 바깥 테두리를 따라 부착되어 있다. 이 적외선은 윗면 판에서 내부 전반사를 겪게 되고, 판의 앞뒷면에 줄지어 있는 빛 센서가 이를 감지한다. 사람이 맨 위쪽 판을 만지면 반사된 광선이 교란되고, 센서가 빛 궤적의 변화를 인식한다.

적절한 프로그램을 갖춘 시스템은 빛의 운동 변화가 어떤 위치에서 일어났는지 알아낼 수 있다. 분산 축전기 시스템과는 달리 이 기술은 빛의 반사를 변화시킬 수 있는 모든 것, 예를 들어 전도성 없는 장갑이나 스타일러스 펜의 접촉 같은 것에 민감하다.

오전 11시 20분

◇◇◇◇◇◇◇◇

A는 휴대폰으로 항공사의 앱을 실행하고, QR 코드 방식으로 구현된 탑승권을 불러온다. 운 좋게도 A는 사전 보안검색 대상이 되었다. 보안 요원이 A의 운전면허증과 실제 얼굴을 대조한 후, 레이저 스캐너로 A의 휴대폰에 있는 QR 코드를 판독한다. 잠시 후 삑 하는 소리가 나자 A는 검색대를 통과한다. 그리고 A는 짐과 가방을 X선 검사대를 통과하는 컨베이어 벨트 위에 놓고, **금속탐지기**를 통과하기 위해 줄을 선다.

◇◇◇◇◇◇◇◇

금속탐지기를 만들고 싶다면 전동 칫솔과 그 충전 컵에서부터 시작하자. 전동 칫솔의 배터리를 충전하기 위해 우리는 전기 콘센트에 연결된 플라스틱 받침대 안에 칫솔 손잡이를 놓는다. 받침대 안에는 변화하는 자기장을 만들어내는 콘센트의 교류 전류가 흐르는 코일이 있다. 이 변화하는 자기장은 칫솔 손잡이에 있는 두 번째 코일을 관통하고, 이 코일을 통해 변화하는 자속은 전류를 유도한다. 두 코일 사이에 금속이 있으면 두 번째 코일을 통과하는 자기장의 양이 바뀐다.

바닷가에서 동전이나 보물을 찾는 사람들이 사용하는 휴

대용 금속탐지기[13]도 금속이 있는지를 알아내는 데 두 개의 코일을 사용한다. 이런 개인용 금속탐지기에는 막대 끝에 큰 원반이 있다. 금속 물체를 탐색하기 위해 사람은 그 판을 땅바닥 가까이에서 움직이게 한다. 판에는 두 개의 동심원 코일이 있다. 판의 테두리를 둘러싼 외부 코일은 교류 전류를 통과하며(굉장히 낮은 주파수의 라디오파와 동등한) 교대로 변하는 전자기장을 만들어내고, 판의 중심에 가까운 내부 코일은 반사된 파동을 감지한다. 외부 코일에 의해 만들어진 라디오파가 금속 물체에 부딪히면, 낮은 주파수의 자체 라디오파를 만들어내는 전류를 그 물체에 유도한다. 그다음에 내부 코일은 반사 신호의 이런 변화를 감지하고, 판이 전기를 잘 전도하는 물질 위를 지나갔다는 사실을 나타내는(반짝이는 빛이나 삐 소리와 같은) 신호를 보낸다.

공공건물과 공항의 금속탐지기[14]는 이 과정에서 생기는 사소한 결점을 이용한다. 즉 아치의 한쪽에 있는 코일을 통해 전류를 흐르게 한 다음에 갑자기 전류를 꺼버린다. 코일에 있는 전류는 자기장을 만들어 내는데, 이것이 갑자기 끊기면 코일을 통과하는 자기장도 마찬가지로 끊어진다. 하지만 코일을 관통하는 자기장을 변화시키면 일시적으로 자기장을 바꾸지 않은 상태로 유지하려는 전류를 만들어낸다. 다시 말해, 주요 코일에 전류가 유도된다. 이 전류는 자기장이 급격하게 줄었을 때 생성된다. 구식 백열전구에서 스위치를 끌 때 이런 역전류를 볼 수 있었다. 자세히 관찰하면, 흐릿한 빛이 아주 잠깐 밝아졌다가 전구가 꺼지면서 소멸하는 것이 보일 것이다. 전구가 순간적으로 다시 밝아지는 현상은 유도된 전류로 인해 생겨나며, 전원이 꺼졌을 때 생성되는 자기장의 변화를 회로가 막으려고 해서 일어난다.

공항의 금속탐지기는 아치형 검색대 입구에 있는 코일을 통해 전류를 계속해서 흘려보내고, 이 유도된 전류의 강도를 점검한다. 금속성 물체가 아치를 통과하면 탐지기는 순간적으로 안테나 역할을 하고, 자기장이 꺼졌을 때 그 변화에 대응하여 잠시 전류를 만들어 내기도 한다. 아치의 코일에서 감지된 유도 전류는 금속이 탐지기에 들어올 때 살짝 증가한 다음에 나갈 때는 감소한다. 탐지기는 일반적으로 코일에 전류를 초당 100번 흘려보내고, 모든 유도된 전류를 합쳐서 금속의 존재 여부를 확인한다.

승객이 깜빡하고 금속 물체를 빼놓지 않았을 때 사용하는 휴대용 금속탐지기는 어떻게 동작할까? 이 기기는 바닷가에서 동전 줍기 용도의 금속탐지기와 비슷한 방식이다. 한 코일은 주파수가 매우 낮고 전력도 낮은 라디오파를 만들어내는 한편, 다른 코일은 반사된 파동을 감지한다. 어떤 금속 물체든 전기 간섭을 만들어내고, 감지된 파동의 주파수를 변환시킨다.

오전 11시 30분

금속탐지기 줄에서 A의 앞에 있는 사람 때문에 낭패한 일이 생기고 만다. 검색대의 사전 탐지기가 그의 손목시계 때문에 경보음을 올린 것이다. 오류를 막으려면 탐지기의 민감도를 수정해야 한다. 보안 요원은 A에게 가까이 있는 **전신 스캐너**로 가라고 지시한다. A는 몇 분 전에 ATM에서 인출한 지폐와 함께 주머니 안에 있는 것을 모두 꺼내어 X선 컨베이어 벨트에 있는 작은 플라스틱 바구니에 넣는다. 그리고 팔꿈치를 구부려서 양팔을 머리 위로 들어 올린 채 스캐너로 걸어 들어가면서 괜한 허영심으로 아랫배가 들어가도록 힘을 준다. 스캐너 봉이 A의 주위를 돌고 있는 동안 A는 시키는 대로 할 테니 제발 비행기는 놓치지 않게 해달라고 혼잣말을 한다.

◇◇◇◇◇◇◇◇

공항에서 볼 수 있는 대부분의 스캐너는 '밀리미터파'를 사용해서 옷 속에 숨기는 물건이 있는지를 확인한다.[15] 이때 활용하는 원리가 '후방 산란backscattering'이다. 후방 산란에서는 전송 모드에서 물체를 뚫고 지나가는 빛을 측정하는 대신 밀도 변화 사이의 접점에서 분산되는 빛을 감시한다. 치과에서 X선을 촬영할 때 이 전송 방식을 사용한다. 탐지기 사진 필름이 치아 뒤에 놓이고 X선이 나오는 곳은 치아 앞이다. 따라서 치아를 통과해서 전송되는 X선을 필름이 기록하고, (가령 빈틈이나 채워진 곳의) 밀도 변화가 있으면 탐지기까지 도달할 수 있는 X선의 양이 변한다. 이 때문에 신호 강도가 달라진다.

이미지를 만들어내는 또 하나의 방법은, 반사되거나 흩어진 파동이 부딪치는 매질이 변화할 때마다 그 파동을 측정하는 것이다. 물리학자들은 이런 반사된 파동을 후방 산란 파동이라고 부른다. 공항의 스캐너에는 밀리미터파가 나오는 곳과 그 탐지기를 모두 포함하는 수직봉이 두 개 있다. 하나는 사람의 몸 앞에서 움직이고 다른 하나는 사람 몸 뒤를 지나가며 완벽한 3차원 이미지를 형성한다.

밀리미터파는 파장이 대략 1밀리미터인 전자기파를 뜻한다(사람 머리카락 한 올의 평균 지름의 약 10배다).[16] 밀리미터파의 다른 이름은 마이크로파로,* 휴대폰이 통신할 때 사용하는 전자기 스펙트럼의 범위와 같다. 파장이 1미터인 빛은 라디오와 텔레비전에 사용하는 반면, 파장이 1나노미터(10억분의1미터)인 것은 X선이다. 가시광선의 파장 범위는 색상에 따라 400~700나노미터다.

---

* 1밀리미터 파장은 엄밀하게 말해서 스펙트럼에서 마이크로파와 적외선 구역 사이에 있지만, 마이크로파에 더 가깝다.

전신 스캐너에서 파장이 1밀리미터인 마이크로파를 사용하는 이유는, 이런 파장의 전자기파는 옷을 쉽게 통과하지만, 사람 피부에 부딪히면 반사되기 때문이다. 옷을 구성하는 섬유는 마이크로파의 파장에 비해 작기 때문에 밀리미터파를 교란하지 못한다. 이는 바다의 큰 파도가 부표나 헤엄치는 사람 옆을 지나칠 때 비켜나가지 않는 것과 마찬가지다. 반면에 마이크로파에는 사람 피부가 큰 장벽이 되므로 사람 피부에 도달한 마이크로파는 흩어진다. 옷 아래에 숨긴 물건은 사람의 피부와는 달리 마이크로파를 반사한다. 그리고 스캐너가 후방 산란에서 이런 차이를 감지한다. 금속탐지기를 통과할 때 몸에서 금속 물체를 빼놓아야 하는 것처럼, 전신 스캐너를 통과할 때는 주머니를 비우고 벨트를 빼야한다. 이는 옷 속 촬영을 가리지 않게 하기 위해서다.

스캐너 칸에 사람이 아무리 오래 서 있다고 해도 구운 감자처럼 익어버리지는 않는다. 전신 스캐너의 마이크로파 강도는 전자레인지(전자레인지는 영어로 microwave oven임 – 옮긴이)는 물론이고, 휴대폰보다도 훨씬 약하다.

밀리미터파 스캐너는 사람이 옷 속에 무언가를 숨겼는지 여부를 판단하기는 하지만, 이미지 해상도가 아주 조악하다. 빛의 파장이 물체보다 훨씬 크면 그 물체의 자세한 모습이 사람에게 보이지 않기 때문이다. 드물기는 하지만, 일부 공항에는 X선 기반의 후방 산란 시스템을 설치해서 밀수품 사진을 정확하게 보여준다.

X선 이야기가 나온 김에 덧붙이면, 요즘은 사진 필름이 필요 없는 고체 촬상법을 이용해서 수화물을 검사한다.

오전 11시 35분

◇◇◇◇◇◇◇◇

A가 전신 스캐너에 서 있는 동안, 짐이며 가방이며 주머니 속 물건들이 컨베이어 벨트를 따라 X선 검색대를 통과한다. A의 위치에서는 **X선 스캐너** 모니터가 보인다. 가방이 스캐너를 통과하자 가방의 윤곽과 그 안에 있는 여러 가지 물건의 실루엣을 보여주는 영상이 A에게 보인다. X선 영상의 색상이 우리가 일상에서 눈으로 보는 것과 다르다는 것은 알고 있지만, 영상 속의 물건들의 색깔이 낯설게 느껴진다. 금속 탐지기와 전신 스캐너 때문에 시간이 지체되었지만, A의 가방은 아직 보안검색대 출구를 넘어서지 못했다. 보안 요원이 A의 가방에 있는 어떤 물건이 무엇인지 알아보기 어렵다는 이유로 컨베이어 벨트를 정지시키고 역방향으로 돌린다.

◇◇◇◇◇◇◇◇

보안검색대에서 사용하는 X선 영상 장치는 전송 모드에서 작동하며, 가방 윗부분에 X선을 비추어 수화물을 확인한다. 수화물은 수많은 개별 반도체 픽셀로 나누어진 고체 상태 탐지기판을 지나간다. 우리는 절연체나 반도체 같은 부도체를 구식 영화관으로 간주할 수 있다.[17] 이 영화관에서는 에너지가 낮은 1층 관객석의 모든 자리에 전자가 앉아 있고, 에너지가 높은 2층 발코니석의 자리는 모두 비어 있다.* 열이나 빛 둘 중 하나에 의해 자극받아 2층 발코니로 올라간 전자만이 자리를 마음껏 옮기고 전류를 통하게 할 수 있다 (전자는 다른 전자와 같은 장소에 있는 것을 좋아하지 않으므로 다른 자리가 비어 있으면 그곳으로 움직인다**). 1층 관객석에 비게 된 자리 ('양공hole'이라고 한다)도 이제 전기장에 반응하며 움직일 수 있다. 인접한 전자가 빠져나가면서 빈자리는 고체를 관통해서 움직이는 양전하와 같은 역할을 한다. 절연체에서 채워진 아래쪽 띠의 맨 위와 텅 빈 위쪽 띠의 맨 아래 사이의 에너지 분리는 스펙트럼의 자외선 부분에 있다. 이 때문에 창유리 같은 많은 절연체가 가시광선을 통과시킨다. 가시광선은 유리에서 1층 관객석과 2층 발코니석을 이어줄 수 없다. 가시광선은 흡수될 수 없어서 물질을 바로 관통해 버리기 때문이다. 반면에 반도체에서는 전자기 스펙트럼의 적외선이나 가시광선 부분에서 에너지 분리가 있으므로 전자를 에너지가 높은 2층 발코니석으로 올려주기가 쉽다.

X선 광자의 흡수[18]는 반도체 탐지기에 수많은 자유전자와 동일한 수의 양전하를 띤 양공을 만들어낸다.[19] 내부의

---

*   이는 고체의 띠 구조와 관련해서 내가 가장 좋아하는 비유 중 하나여서 많이 써먹었다. 내가 영화관에서는 많은 시간을 보냈지만, 도서관에서는 그렇지 않았기 때문인지도 모르겠다.
** 이런 현상을 가리키는 정식 용어는 '파울리 배타 원리Pauli exclusion principle'다.

작은 전기장이 탐지기의 위와 아래로 전하를 당기고, 전하는 그 양쪽 끝에 쌓인다. 빛이 많이 흡수될수록 전하도 많이 쌓이고, 이 전하를 측정하는 일은 그 특정한 픽셀에 부딪히는 빛을 기록하는 일과 같다.

X선은 탐지기에 도달하기 전에 짐 가방 안의 수화물과 상호작용을 해야 한다. 수화물 사진에서는 대비contrast가 매우 중요하다. 어떤 원자에 전자가 많을수록 그 원자가 X선을 최초 궤적으로부터 흩어지게 할 가능성이 높아진다. 수화물 스캐너에서는 산란 민감도를 향상시키기 위해 다양한 에너지(따라서 다양한 파장)의 X선을 사용한다. 폭발 물질은 사슬이 긴 탄소 분자(탄소 원자는 전자가 6개에 불과하다)로 이루어지는 경향이 있고, 그 원자는 에너지가 낮은 X선과 상호작용을 더욱 잘한다. 칼과 권총 재료로 사용하는 강철은 전자가 9배여서 에너지가 높은 X선을 효과적으로 흩어지게 한다. 수화물 가방은 높은 에너지와 낮은 에너지의 X선 모두에 노출되고, 탐지기 두 개가 지나가는 수화물을 확인한다. 탐지기 하나는 전체 신호를 받고, 이 탐지기 아래에 있는 다른 탐지기에서는 에너지가 낮은 X선이 검사하는 것을 기록한다. 전송된 X선 신호의 강도는 X선의 에너지에 따라 색상이 분류된다. 에너지가 높은 X선과 낮은 X선 신호를 비교하고, 에너지

가 높은 X선만 관찰하면 에너지가 낮은 X선이 얼마나 많이 흩어졌는지 추론할 수 있으므로 유기 물질의 이미지 해상도를 높일 수 있다.

노트북 컴퓨터는 별도로 스캔하는데, 컴퓨터 케이스에 있는 금속이 X선의 탐색을 방해하기 때문만은 아니다. 대부분의 케이스는 (유기 물질인) 플라스틱이나 알루미늄으로 만든다. 알루미늄은 금속으로서는 드물게 원자의 전자 수(13개)가 적다. 노트북 컴퓨터를 별도로 스캔하는 이유는, 컴퓨터 내부가 빽빽하고 복잡하기 때문이다. 노트북 컴퓨터나 태블릿 PC 안에는 소형 부품이 아주 많으므로 내부에 폭탄이 있는지 여부를 신중하게 검사해야 한다.

오전 11시 40분

◇◇◇◇◇◇◇◇

A의 운도 이제 다한 것 같다. A의 가방이 보안 요원의 주의 대상이 된 것이다. 주머니에서 뺀 소지품을 원래 위치로 넣고 있던 A는 검색대에서 절대 듣고 싶지 않은 다음의 말을 듣는다.

"이거, 선생님 가방인가요?"

A가 고개를 끄덕이자, 보안 요원은 가방을 꼼꼼하게 점검하고 싶다고 말한다. 그는 A의 가방을 검색대 뒤에 있는 스테인리스 탁자로 들고 오더니 하얗고 동그란 종이로 가방의 겉면을 닦는다. 그러고는 그 종이를 **폭발물 탐지기**란 이름표가 붙은 큰 상자 모양의 기기 안으로 넣는다. 1분이 채 지나지 않아 기기에서 이상이 없다는 신호가 나온다. 그러자 보안 요원은 협조해 주셔서 감사하다고 말한다. A는 드디어 검색대를 벗어날 수 있게 되었지만, 비행기 출발 시간이 너무 촉박하다. 정시에 탑승 게이트에 도착하려면 서둘러야 한다.

◇◇◇◇◇◇◇◇

동그란 모양의 작은 종이로 가방의 표면을 닦으면 폭발물에 사용하는 화학물질의 흔적이 종이로 옮겨진다. 사람이 만졌던 소량의 폭약은 손가락 지문의 기름에 남기 때문에 가방을 만질 때 폭약 물질의 1밀리그램 정도는 가방에 묻을 수 있다. 동그란 흰색 종이에 이 물질의 일부를 묻힌 다음, 특정 화학물질의 '냄새'를 맡는 센서에 올려둔다.

우리는 분자의 종류를 구분하는 방법을 알아야 한다. 트리니트로톨루엔Trinitrotuluene[20] 즉 TNT 분자는 탄소 원자 7개, 산소 원자 6개, 수소 원자 5개, 질소 원자 3개로 구성되는데, 모두 아주 특이한 형태로 배치되어 있다. 더 큰 분자도 분명히 있지만, TNT 분자는 대기를 구성하는 산소와 질소 분자보다 몇 배나 크고 훨씬 무겁다. TNT 분자의 허위 양성반응 문제를 막는 가장 좋은 방법은, 분자의 형태와 질량 모두를 민감하게 검출하는 것이다. 수많은 분자 중에 TNT 분자를 가려내는 방법 가운데 한 가지*를 '이온 이동도 분광법ion mobility spectroscopy'이라고 한다.[21] 이 방법은 동그란 흰색 종이에서 검출되는 모든 분자가 '자동차 경주'를 하도록 하는 것이다.

내가 서로 다른 차 두 대에, 가령 큰 승합차 한 대와 작은 스포츠카 한 대에 같은 엔진을 설치한다고 상상해보자. 이들을 똑같은 지점에서 출발해서 직선 주로에서 경주하게 한다. 어떤 차가 이길까? 엔진이 같기 때문에 승부는 (대부분) 자동차의 무게와 공기저항으로 결정될 것이다. 차가 무거울수록

---

* 엄밀하게 말하자면 모든 폭발물에 예외 없이 첨가되어야 하는 특별한 '꼬리표 분자들'을 분광기가 감지하고 있지만, 이 원리는 TNT 분자에도 적용된다.

엔진 가속도가 줄어들 것이다. 승합차는 표면적과 전면부가 훨씬 크기 때문에 공기저항도 클 것이다. 승합차가 공기를 밀어내는 데 필요한 엔진 에너지는 타이어 회전에 사용될 수 없다. 따라서 승합차와 스포츠카를 구분하는 방법은, 어떤 차가 결승점을 먼저 통과하는지 보는 것이다. 경주로 주파 시간은 자동차의 질량과 공기저항에 달려 있기 때문이다. 자동차는 우리가 관찰하면 구분할 수 있지만, 분자처럼 눈으로 관찰할 수 없는 대상일 때도 이 방법이 효과가 있다.

짐 가방 표면을 닦으며 지나간 동그란 흰색 종이는 실린더의 한쪽 끝(경주로의 출발점)에 놓인 다음 가열되어 그 분자가 증기 상태로 변환된다. 우리는 이 분자를 실린더의 반대쪽 끝(경주로의 결승점)으로 당겨 내리려 한다. 그리고 이때 당기는 힘이 분자의 화학적 구성과 상관없이 모든 분자에 똑같이 작용했으면 한다. 이를 실현하기 위해서는 각각의 분자에서 전자 하나를 제거해서 모든 분자가 실질적으로 +1의 양전하를 띠도록 하는 방법이 있다. 실린더 끝 결승점에 음전압을 가하면 이것이 모든 분자를 같은 힘으로 당긴다. 물체가 전압에 어떻게 반응하지를 결정하는 유일한 요인은 그것의 실질 전하량이기 때문이다. 모든 분자가 동일한 전하를 띠게 하는 것은 이 경주에 출전하는 모든 자동차에 똑같은 엔진을 장착하는 것과 같다. 실린더는 공기를 이용해 특정한 압력으로 채워져서 분자가 실린더 아래로 움직일 때 공기저항 효과가 통제된다. 이제 모든 분자가 실린더 끝에 있는 음전압으로부터 동일한 힘으로 당겨질 때 우리는 그것이 실린더의 다른 쪽 끝에 도달하는 데 필요한 시간을 확인한다. 그 결과는 질량과 크기에 의해 분리되는 분자의 스펙트럼이다. 이는 이온의 서로 다른 이동성에서 비롯되었으므로 폭발물 추적 시험장은 '이온 이동도 분광계'의 하나라고 할 수 있다. 이전의 측정 실험으로부터 우리는 고유한 질량과 배치 구조를 갖춘 TNT 분자가 한쪽 끝에서 반대편 끝까지 가는 데 얼마나 오래 걸리는지 알고 있다. 우리가 그 특정한 시간에 '결승점을 통과하는' 분자를 기록한다면, 의문의 수화물 가방이 어느 시점에서 TNT와 접촉했다는 사실을 추론하고, 이를 바탕으로 추가 조사를 할 수 있다.

제 **5** 장

비행기

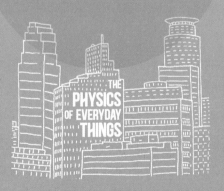

오전 11시 50분

◇◇◇◇◇◇◇

A는 마지막 승객이 탑승하는 순간 겨우 게이트에 도착한다. 안전요원에게 잠깐만 기다려 달라고 큰소리로 외치며 숨을 헐떡이며 달려가자 사람들이 A를 기다려준다. A는 미안하다고 한 다음 탑승권 QR 코드를 스마트폰 화면에 재빨리 다시 띄운다. 레이저 스캐너가 삑 소리를 내며 A를 반겨준다. 하지만 지금은 기내 수화물 칸에 빈 곳이 없다. A의 짐 가방은 게이트에서 부치는 수밖에 없다. 썩 마음에 들지는 않지만, 비행기를 놓치는 것보다는 훨씬 낫다. 승무원이 가방에 전자제품이나 **리튬 전지**가 있는지 물어본다. A가 없다고 대답하자, 승무원은 A의 가방에 빨간 꼬리표를 붙이고 비행기 입구 바로 옆에 있는 승강용 통로 끝으로 가방을 가져가라고 한다. 지상 승무원이 마지막으로 남은 가방들을 화물 적재 칸에 넣으려고 가져가면서, 고마워하는 A의 가방도 함께 가져간다.

◇◇◇◇◇◇◇

짐 가방 안에 리튬 전지가 있는지 승무원이 물어본 이유는 두 가지다. 첫째, 모든 배터리는 손상되면 축적된 에너지를 방출하는데, 이때 통제가 안 될 가능성이 있다. 둘째, 리튬이온 전지는 에너지 밀도가 높아서 특히 위험할 수 있다.

리튬은 그것의 알칼리 사촌뻘인 나트륨이나 칼륨처럼 화학적으로 아주 활발한 금속이고,[1] 순수한 원소 상태에서는 물과 격렬하게 반응한다. 기존 알칼리 전지[2]는 시간이 지나면 그 안에 수소 가스가 쌓여 압력이 증가하게 되고, 결국 배터리 봉인에 구멍이 뚫릴 수 있다. 그 후 알칼리 금속은 공기에 있는 이산화탄소와 반응해서 금속 단자의 전극 위로 털과 같은 코팅을 형성한다. 이런 점이 기존 알칼리 전지에 불리한 데다가, 리튬 기반의 전지는 화재나 폭발 등 심각한 재난을 일으킬 수 있는 것으로 알려져 있다. 에너지 밀도가 높다는 것은 단자 분리기에 단락이 있으면 기존 알칼리 전지보다 훨씬 많은 에너지가 방출된다는 뜻이다. 이 때문에 배터리를 버릴 때, 특히 리튬이온 전지는 주의해야 한다. 배터리 용기가 찌그러져 있거나 구멍이 있으면 단락으로 인해 위험한 상황이 연출될 수 있다.

리튬 기반의 전지는 무게 단위당 에너지 양이 우수하므로 개인용 전자기기에서 많이 사용한다. 이 전지에 축적된 전기에너지는 전하를 띤 이온을 단자에 쌓아놓는 화학반응으로 방출되는 에너지에서 비롯한다. 전극에 전하를 더욱 많이 쌓는 한 가지 방법은, 전자가 두 개 이상 남거나 부족한 이온을 사용하는 것이다. 하지만 일단 원자에서 전자 하나가 제거되어 그것이 이온이 되면, 이제 균형을 잃은 핵의 양전하가 나머지 전자를 더욱 강하게 잡아당긴다. 그러면 전자를 추가로

빼내거나 음이온에 전자를 더하기는 훨씬 힘들어진다. 이온의 전하를 쉽게 변화시킬 수 없는 경우에 배터리의 무게 기준 축적 전하를 늘리는 또 하나의 방법은, 가벼운 이온을 사용해서 배터리의 무게를 줄이는 것이다. 실온에서 기체가 아니면서 원자가 가장 가벼운 원소는 리튬이다. 리튬이온 전지 개발은 휴대용 전자기기의 혁신에 결정적인 역할을 했다.

예전에 자동차 배터리[3]는 납과 황산의 혼합물로 만들었다. 납 원자는 무게가 수소 원자의 200배가 넘을 정도로 크고 육중하다. 우주에서 가장 가벼운 원소인 수소는 핵에 양성자가 하나이고, 전자 하나가 그 주위를 도는 구조다. 납에는 핵에 양성자 82개와 중성자 126개가 있으며, 82개의 전자로 둘러싸여 있다. 양성자와 중성자는 전자보다 대략 2,000배나 무거워서 원자의 무게를 줄이려면 핵이 아주 가벼운 원소를 고려해야 한다. 헬륨은 핵에 양성자 두 개와 중성자 두 개뿐이고 수소 다음으로 가벼운 원소지만, 상온과 일반 기압에서는 기체이고 화학적으로 비활성 상태다. 따라서 배터리에 전기에너지를 저장하는 데는 적합하지 않다. 핵에 양성자 세 개와 중성자 세 개뿐인 알칼리 금속인 리튬은 세 번째로 가벼운 원소다. 이것이 리튬이온 전지의 무게가 아주 가벼운 이유이고, 여러 휴대용 전자기기에서 사용하는 이유이기도 하다.

배터리에 사용하는 금속 단자의 종류나 그 안에 존재하는 유체의 특정한 구성과는 상관없이 배터리는 전압을 공급하기 위해 화학반응에 의존해서 이온을 만들어낸다. 이런 반응에는 이온을 단자에 붙게 하는 에너지가 들어간다. 배터리가 가질 수 있는 최대 전압은 화학반응으로부터 이용할 수 있는 에너지가 얼마나 많은지에 따라 결정된다. 단자에 이온이 더해질수록 이온을 추가로 붙게 하기가 어려워지기 때문이다. 한 단자에 있는 양이온은 다른 단자에 있는 음이온에 전기적으로 끌린다. 따라서 모든 배터리에는 전하를 띤 단자를 분리하기 위한 장벽과 같은 것이 있어서 이온이 다시 합쳐지는 것을 막아야 한다. 화학반응 물질이 각각의 단자에 움직일 수 있게 하려면 이 장벽은 투과성이 있어야 하지만, 음이온과 양이온이 그 전극을 떠나 배터리 내부에서 재결합할 정도로 개방되어서는 안 된다. 이 장벽이 뚫리면 배터리는 단락될 수 있고, 단자에 전하를 쌓는 데 소모된 에너지가 빠르게 회수되는데,[*] 화학반응이 역으로 일어나기 때문에 일반적으로 열과 기체의 형태로 회수된다.

---

[*]   회수된 에너지는 열역학적 이유로 인해 단자가 전하를 띠게 하는 데 들어간 에너지보다 실제로는 적지만, 배터리가 폭발하는 것보다는 낫다.

오후 12시 20분

A는 비행기에 탑승해서 다리를 절며 통로를 지나 지정 좌석으로 간다. 만원 비행기에서 저 뒤편 창가에 유일하게 비어 있는 자리를 찾기는 어렵지 않다. A는 가방을 앞 좌석 밑에 놓고 안전띠를 맨다. 승무원 팀장은 비행기 문이 닫혔고, 모든 승객은 개인용 전자제품의 전원을 *끄*거나 비행기 모드로 바꿔야 한다고 안내한다(A는 스마트폰을 비행기 모드로 바꾸고 태블릿 PC가 꺼졌는지 확인한다). 몇 분 후 비행기는 활주로를 향해 천천히 이동하기 시작한다. 기장은 기내 방송으로 환영 인사를 전하면서 이륙 대기 순번이 두 번째라고 말한다. 비행기는 출발점에서 잠시 대기한 뒤, 마침내 이륙 허가를 받고 서서히 가속을 시작한다. 이륙 속도에 이르자 플랩(비행기 날개의 가장자리를 꺾어서 굽힐 수 있는 보조 날개 – 옮긴이)이 접히며 윙 하는 소리가 들려온다. **비행기**는 하늘을 향해 몸을 일으키는가 싶더니 어느새 하늘 높이 솟아오른다.

열기구든 초음속 제트기든 무엇이든 올라타고 육지를 뜨고 싶다면, 비행기의 위보다는 아래를 지탱해주는 공기 분자가 필요하다. 그래야 위로 뜨는 불균형한 실질적인 힘이 생겨난다. 그리고 이 힘이 사람 몸무게보다 크면 그 사람을 저 위 멀리까지 들어 올려줄 것이다.

열기구와 소형 비행선이 하늘에 뜨는 이유는, 얼음이 잔

아래로 가라앉지 않고 음료 위에 떠 있는 이유와 같다.[4] 밀도 차이가 위로 올리는 힘 즉 부력을 만들어낸다. 부력의 강도는 물체의 크기에 달려 있다. 다시 말해, 물체의 부피가 대체하는 유체의 양에 달려 있다. 물체의 무게가 그것이 대체하는 유체의 무게보다 무거우면 물체는 가라앉을 것이고, 가벼우면 뜰 것이다.* 열기구를 뜨게 하려면 주변 대기보다 부피당 질량 즉 밀도가 작은 기체(일반적으로 뜨거운 공기나 헬륨으로)를 풍선에 채워 넣는다. 공기보다 밀도가 높은 장치가 비행 수단이 되려면 사람의 노력을 더해야만 대기에서 위로 뜨는 실질적인 힘이 생길 수 있다.

비행기 날개는 곡선 모양인데, 옆에서 보면 날개 위쪽의 길이가 더 길다.[5] 따라서 날개 아래쪽을 지나가는 공기는 아래 방향으로 굴절되고, 날개 위를 지나가는 공기는 위쪽으로 휘어진다. 날개 아래에 있는 공기는 눌려서 부피가 작아지는데, 이때 공기는 반대 방향으로 날개를 다시 밀어 올린다. 여기서 뉴턴의 제3법칙이 활용된다. 이에 따르면, 모든 작용에 크기는 같고 방향은 반대인 반작용이 있다. 즉 힘은 늘 짝

---

* 나무에는 전체 밀도를 낮춰주는 작은 공기주머니가 많긴 하지만, 물에 완전히 젖은 상태가 되었을 때는 물 바닥으로 가라앉는다.

을 이룬다. 사람이 무언가를 밀면 반드시 그 무언가도 사람을 밀어낸다. 이런 움직이는 공기의 굴절로 인해 날개 아래의 압력(면적당 힘)은 증가한다. 날개 위에서는 공기가 더 넓은 영역으로 움직여서 압력이 감소한다. 비행기가 빨리 갈수록 시간당 굴절되는 공기가 많아지고, 날개의 위와 아래 사이의 압력 차이가 커진다. 공기의 흐름을 굴절시키는 작용에 의한 이런 압력차로 인해 위로 향하는 실질적인 힘이 발생한다. 속도가 어느 정도 이상이 되면 위로 향하는 이 힘은 비행기의 무게보다 커질 수 있다.

비행기가 위로 올라가는 양력이 생길 정도로 빨리 움직이게 하려면 어떻게 해야 할까? 그 작동 원리는 이번에도 작용 반작용에 관한 뉴턴의 제3법칙이다. 초창기(그리고 작은 비행기의 경우 오늘날에도) 비행기의 추진력은 회전하는 프로펠러에서 비롯되었다. 프로펠러 깃은 정해진 각도로 만들어지고 설치되어 축을 중심으로 회전하는 날개와 본질이 같다. 그것은 깃 뒤로 움직이는 공기의 상당량을 모아서 굴절시킨다. 이는 프로펠러 깃 폭만큼의 압력차를 만들어내어 비행기가 전진하는 방향으로 프로펠러를 밀어준다. 프로펠러 깃이 빠르게 회전할수록 깃 뒤로 굴절되는 공기량이 많아지고, 비행기가 원하는 방향으로 움직이는 속도도 빨라진다.

그림 5 **비행기 날개의 단면도**

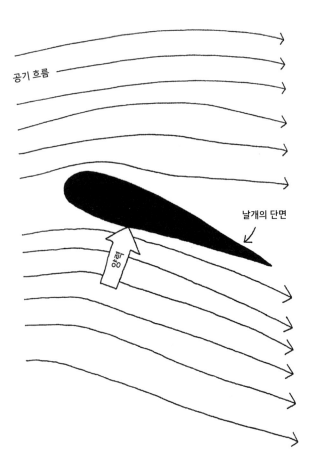

공기 흐름

날개의 단면

양력

날개 아래의 공기 흐름은 아래로 비껴간다. 공기는 날개 아래를 지나면서 위로 들어올리는 힘을 만든다. 이 힘을 양력이라고 부른다.

비행기가 클수록 무게가 커진다. 비행기는 날개 크기가 정해져 있으므로, 그만큼 빨리 움직여야만 이륙할 정도의 양력을 확보할 수 있다. 프로펠러를 회전시키는 에너지는 화석 연료를 연소함으로써 얻는다. 이는 본질적으로 자동차에서 회전운동 에너지를 얻는 물리적 원리와 같다. 강한 양력에 필요한 빠른 속도는 제트엔진을 이용해서 얻는다.

제트엔진은 그렇게 보이지 않을 수 있지만,[6] 자동차 내연기관과 본질적으로 같은 형태다. 다만 가로로 길게 눕혀 있을 뿐이다. 회전하는 터빈 날개를 통해 제트엔진 앞으로 찬 공기가 끌려온다. 이 찬 공기는 압축되어 온도가 크게 높아진다. 이 뜨거운 기체는 이제 제트 연료와 섞이고, 발화 장치가 이 혼합물을 점화시킨다. 이렇게 뜨거워진 기체는 속도를 더욱 높여주는 좁은 통풍구를 통해 엔진 뒤로 배출된다. 이처럼 비행기 뒤쪽으로 뜨거운 기체를 배출하면, 뉴턴의 제3 법칙을 통해 추진력이 만들어진다. 내연기관의 실린더와는 달리 제트엔진에서는 이 네 단계가 끊임없이 계속되어 큰 비행기가 위로 뜰 만큼 빠른 속도로 비행기를 앞으로 밀어준다.

비행기에서는 프로펠러의 회전 속도 또는 제트엔진의 추진력이 비행기 속도와 함께 증가해야만 공기저항을 상쇄할

수 있다. 이 저항은 공기 밀도가 낮은 고고도에서는 감소한
다. 하지만 대기 밀도가 낮을수록 날개를 위로 뜨게 해주는
공기량이 적어서 고고도에서도 비행하려면 계속 매우 빠른
속도를 유지해야만 한다.

160 · 소소한 일상의 물리학

오후 12시 40분

◇◇◇◇◇◇◇◇

정말 놀랄 만큼 순식간에 비행기는 구름을 뚫고 순항 고도로 올라간다. A는 창밖을 응시한 다음 조용히 휴식을 취하며 아침에 운전하느라 쌓였던 스트레스를 푼다. 탁 트인 푸른 하늘은 마음을 차분하게 해주고, A는 이런 시대에 살고 있다는 것이 행운이라고 새삼 느낀다. 100년 전만 해도 이런 풍경을 일상적으로 볼 수 없었다. A는 수 킬로미터에 걸쳐 이어지는 특이한 모양의 구름이 보이자, 스마트폰을 꺼내 **디지털 사진**을 찍는다.

◇◇◇◇◇◇◇◇

휴대폰을 사용해서 구름 사진을 남기기 위해서는 두 가지 중요한 과정이 필요하다. 광자가 흡수되는 지점 주위에 한정된 전하량을 통해 입사된 광자를 기록하는 과정과, 일단 사진을 찍으면 사진에 있는 모든 위치에 얼마나 많은 전하가 있는지를 측정하는 과정이다. 첫 번째 과정은 발광 다이오드를 거꾸로 작동하게 하면 실행할 수 있다. 이는 흡광 다이오드light-absorbing diode로, 태양전지 또는 '포토다이오드photo-diode'로도 알려져 있다. 두 번째 과정은 각 픽셀에 있는 전하를 저장하는 여러 개의 축전기와 관련이 있다.

각각의 픽셀에는 빛을 흡수해서 전하를 만들어내는 포토

다이오드가 있다. 이는 실리콘 칩 샌드위치로 구성되는데, 이 샌드위치에서는 순수 실리콘이 '고기' 역할을 하고, 화학적 불순물을 의도적으로 첨가한 실리콘이 위아래의 '빵' 역할을 한다. 위쪽 빵에는 실리콘에 인이 추가되어 있어서 보통 때는 비어 있는 위쪽 발코니 띠에 전자를 더해준다. 아래쪽 빵에는 실리콘 안에 붕소가 포함되어 있는데, 이것이 (보통 때는 완전히 채워져 있는) 에너지가 낮은 띠에서 전자를 빼내서 그 층에 양공을 실제로 더해준다. 불순물을 추가한 이런 실리콘 층들로 인해 그 사이에 낀 순수 실리콘 물질 전반에 전기장이 생성된다.

이 전기장은 우리가 원하는 곳으로 전하를 보내줄 것이기 때문에 중요하다. 카메라의 시야는 픽셀이라는 아주 작은 사각형으로 이루어진 체스판과 본질적으로 같다. 카메라의 각 픽셀에는 그것만의 작은 태양전지가 있다. 고체 물리학의 대강당 모델에서는 전자를 위쪽 띠로 올려주어서 채워진 아래쪽 띠에 양공을 남길 정도의 에너지가 있는 빛의 광자가 태양전지에 부딪히면, 반도체 전체의 전기장이 이 전하를 반대 방향으로 밀어낸다. 전자는 이 '샌드위치'의 한쪽 면에 쌓이고, 반대쪽 면에는 양공이 늘어나게 된다. 흡수되는 광자가 많을수록 기기의 반대되는 면으로 전하가 많이 이동한다.

기기의 위쪽과 아래쪽 각각에 축전기의 판이 있다(물론 이 축전기 판 중 최소한 하나는 터치스크린 화면처럼 투명한 전도성 필름이어야 한다. 그래야 빛이 태양전지 안으로 들어갈 수 있다). 전자와 양공은 그 정해진 위치의 축전기 판들이 전하를 띠게 할 것이고, 그 다음 단계에서 판독될 것이 바로 이 전하이다.

한 줄에 1,000개씩 1,000줄로 배열된 축전기 100만 개에 축적된 전하를 처리하는 데는 신중한 타이밍과 조정력이 필요하다. 가로로 347번째, 세로로 589번째 줄에 배치되기로 결정된 그 전하가 바로 그 위치에 반드시 할당되도록 해야 하는데, 이 모두가 1초 내에 이루어져야 한다. 이렇게 정확하면서도 빠르게 판독해내는 비결은 '버킷 브리게이드 원리 bucket brigade principle'(버킷 브리게이드는 여러 사람이 줄지어 서서 옆 사람에게 연달아 물건을 전달하는 '인간 사슬'의 의미임 – 옮긴이)이다.

각각의 줄에는 축전기들이 길게 늘어서 있고, 각각의 축전기에는 전하가 어느 정도 축적되어 있다. 첫 번째 축전기의 전하는 판독하기 쉽다. 축전기에 전압을 가하면 전압이 이 전하를 줄의 맨 끝에서 바로 왼쪽에 있는 참조 축전기로 당겨준다. 참조 축전기 전체에 걸린 전하가 트랜지스터를 사용해서 감지되고 증폭되는 전압을 유도한다. 이 전압은 이진법을 사용해서 디지털 신호로 전환되고, 이 숫자는 컴퓨터 메모리에 저장된다. 따라서 이제 줄의 맨 끝에서 왼쪽에 인접한 축전기는 비어 있게 되지만, 우리는 다음 축전기에 있는 전하에 접근할 수 있어야 한다.

'버킷 브리게이드'(전문용어로는 '전하 결합 소자charge coupled device' 또는 약자로 CCD)에서는 줄 끝에 있는 버킷의 내용물이 측정용 통으로 옮겨져 비게 되면, 바로 옆에 있는 버킷의 내용물이 첫 번째 빈 버킷에 담긴다. 세 번째 버킷은 그 내용물을 방금 비게 된 두 번째 버킷에 보내고, 네 번째 버킷은 세 번째에 보내는 식으로 계속된다. 이 전기 용량 버킷에는 물 대신에 상당량의 전하가 들어 있지만, 원리는 같다. 열에서 맨 끝에 있는 첫 번째 축전기를 비워준 전압이 두 번째 축전기에 있는 전자들을 당길 것이다. 전자들이 옮겨가기 시작함에 따라 두 번째 축전기 전체의 전압은 감소해서 결국 두 번째 축전기에 있던 모든 전압은 이제 첫 번째 축전기로 옮겨진다. 두 번째 축전기는 이제 텅 비었고 열에서 가장 왼쪽 끝에 있는 참조 축전기에는 이제 두 번째 축전기에서 온 전하가 담긴다. 이 전하는 그 후 증폭기로 보내져서 측정된 다음 전압으로 전환된다. 그동안 비어버린 두 번째 축전기 판에 양의 전압이 가해져서 세 번째 축전기에 있는 전자들을 당긴다. 이 과정은 그 열에 있는 1,000개의 모든 축전기에 이어진다. 그리고 1,000개의 모든 줄로도 이어져서 결국 축전기 100만 개가 모두 점검되고, 이들에 축적되어 있던 전하는 100만 전압으로 전환이 완료된다.

이 시스템을 성공하게 하는 열쇠는 조정력이다. 빛에 의해 일련의 전하들에 부호화된 정보가 원래 이미지로 재구성될 수 있도록 적절한 순서로 메모리칩에 전압을 축적하기 위해서는, 모든 축전기가 도중에 적절한 시간에 맞추어 그 전하를 이전시키는 일이 매우 중요하다. 이는 정확한 타이밍을 보장하는 컴퓨터 시계가 얼마나 정밀한지에 달려 있다.

앞서 설명한 과정은 개별 픽셀 모두에 가느다란 회색조가 있기는 해도 컬러 이미지를 흑백 사진으로 바꾸어줄 것이다. 즉 전하의 강도와 이에 따라 각각의 축전기에서 기록된 전압은 그 화소의 빛 센서에 부딪히는 광자 수에 좌우된다. 이 전압은 1이나 0만이 아닌 모든 값이 될 수 있으므로 회색조를 담아낼 수 있다. 디지털 사진 기술에서 컬러 사진을 만들어내는 한 가지 방법은 각각의 센서를 동일한 작은 정사각형 네 개로 나누는 것이다. 이 작은 정사각형 각각에는 붉은색, 초록색, 파란색, 투명 필터 중 하나가 씌어 있다. 투명 필터는 모든 빛이 탐지기에 들어오게 해준다. 줄 끝에 있는 증폭기로 전달되는 별개의 전하들은 어떤 색의 축전기가 기록

되고 있는지를 추적한다. 전압을 처리하고, 다듬고, 삽입하는 일은 재구성된 이미지의 색상 수준을 조절할 수 있다. 이는 스펙트럼의 가시적인 부분에 국한되지 않는다. 에너지 상태에 있어서 채워진 아래쪽 띠와 비워진 위쪽 띠 사이의 에너지 격차가 아주 작은 반도체 센서들은 적외선을 감지할 수 있다. 필름 사진 기술의 경우와 같이 일단 광자가 흡수되어 전기 신호로 변환되면 나머지 처리 과정은 감지되었던 빛과는 독립적으로 진행된다.

전하 결합 소자의 이용이 가능한 카메라의 개발은 사진술에 혁명을 일으켰다. 먼 은하계로부터의 빛이나 시속 800킬로미터가 넘는 속도로 날아가는 제트기에서 보이는 풍경이 매튜 브레이디Matthew Brady가 남북전쟁 때 찍었던 인물 사진에서 사용한 것과 똑같은 기술로 정확하게 남겨질 수 있다. 당시 브레이디는 카메라의 조리개를 열어놓고 피사체로부터의 광자가 카메라의 탐지기에 충분히 도달할 때까지 기다렸다. 브레이디의 피사체는 이미지가 흐릿해지는 것을 막기 위해 오랜 시간 동안 완벽하게 부동자세를 유지해야 했지만 오늘날의 카메라는 몇 분의 1초 만에 사진을 찍을 수 있다.

픽셀 크기가 작을수록 주어진 영역을 채우는 데 화소들이 더 많이 필요하고 해상도가 높아진다. 이는 카메라와 화면에 똑같이 적용된다. 여기서는 1,000개의 센서를 가진 1,000개의 열 즉 100만 픽셀(또는 1메가픽셀)의 디지털 카메라를 예로 들었는데, 요즘에는 이 정도 성능은 해상도가 낮다는 취급을 받는다. 오늘날 디지털 카메라의 최첨단 해상도는 대략 수십 메가픽셀이지만, 기술적인 관점에서 예술은 절대 오랫동안 같은 상태에 머물러 있지 않는다.

　　일단 광자의 물결 속에 포함된 정보가 전압으로 전환되면 이 전압들은 결국 1과 0의 연속으로 변형된다. 이것의 정확한 순서에 의해 화면에서 어떤 픽셀이 어떤 위치와 시간에 활성화되어야 하는지에 관한 명령이 부호화된다. 컴퓨터 메모리만 충분하면(역사로부터 우리가 얻는 교훈이 있다면 주어진 공간에 넣을 수 있는 트랜지스터의 수는 계속 증가하고 있다는 점이다), 40~50밀리세컨드(밀리세컨드는 1,000분의 1초임 – 옮긴이) 속도로 연속 사진을 찍을 수 있고, 이 사진은 훨씬 많은 1과 0의 집합으로 설명될 것이다. 사람이 원거리에 있는 데이터 저장센터에 업로드하는 것은 바로 이 1과 0이다. A는 구름cloud 사진을 '클라우드cloud'로 보내고 싶어진다.

오후 12시 50분

◇◇◇◇◇◇◇

비행기에서 스마트폰으로 구름을 찍은 사진은 A의 **클라우드** 계정에 자동으로 저장될 것이다. 하지만 A의 휴대폰은 지금 비행기 모드이므로 나중에 지상에 착륙하고 나서야 저장을 할 수 있다. A가 창밖을 보니 한참 아래로 구름이 보인다. 이렇게 높은 곳에서는 A가 오늘 병원에서 쬔 방사선보다 많은 방사선에 노출될 것이라는 생각이 든다. 그러자 A는 프레젠테이션을 위해 필기한 내용을 검토하기로 한다.

◇◇◇◇◇◇◇

비행기에 탑승해서 지표면에서 8킬로미터 상공에 있는 사람은 '클라우드'에서도 대략 8킬로미터 떨어져 있다. 클라우드에 저장하는 정보는 대체로 위도 북쪽 지역의 지상에 있기 때문이다.

우리가 장기간에 걸쳐 저장하고 싶은 1과 0의 수는 우리가 가진 대부분의 하드 드라이브 용량을 넘어선다. 따라서 데이터를 매우 크고 깊숙한 서랍이 있는 '안전 금고'에 저장하는 편이 나은 선택이 된다. 이런 모든 가상의 디지털 잠금 장치가 있는 금고를 '클라우드'로 부른다. 사람들이 동네에서 저축이나 대출하는 곳과는 달리 클라우드에는 정해진 위치가 없다. 정보는 서버라고 부르는 여러 개의 컴퓨터 메모

리 은행에 보관된다.[9]

휴대폰이나 태블릿 PC를 켜면, 어떤 픽셀을 점등시킬지 지시하는 명령이 실행된다. 이와 비슷하게 웹 주소를 통해 (글, 링크, 이미지가 있는) 웹사이트 정보를 이용자가 요청하면, 그 기기에는 다른 명령 집합이 전송되어 그에 따라 화면이 바뀐다. 웹사이트 정보 즉 태블릿 PC로 전송되는 1과 0의 복잡한 패턴은 서버라는 또 다른 컴퓨터에 저장되어 있다. 분산·확장된 네트워크에서 이용자 정보를 보관하는 서버 전체는 '클라우드 데이터 저장' 시스템으로 부른다. 하지만 이 많은 데이터가 서버를 태워버리지 않도록 반드시 주의해야 한다.

트랜지스터는 전류가 적은 '꺼짐' 상태에서 전류가 많은 '켜짐' 상태로 바뀔 때마다 소량의 에너지를 소모한다. 이 에너지를 신속히 떼어놓지 않으면 트랜지스터 온도가 높아진다. 온도는 물체에 있는 각 원자의 평균 에너지를 파악하는 수단이다. 원자가 고정된 위치에 묶여 있는 고체에서는 평균 에너지가 높을수록 원자가 평형 위치 주위에서 더 많이 진동한다. 이런 진동은 전류가 그 궤적에서 멀리 떨어지게 되는 굴절을 유발할 수 있고, 고체에서 진동하는 원자의 상호작용은 주어진 특정 전압에서 흐를 수 있는 전류의 양을 크게 제한한다.

이런 과열 현상은 트랜지스터의 성능을 저하시킬 뿐만 아니라 실제로 칩 자체를 망가뜨릴 수도 있다. 열기를 제거하지 않으면[10] 에너지 축적에 의해 실리콘 온도가 녹는점 이상으로 올라갈 수 있다. 아주 작은 용량의 트랜지스터 수백만 개가 1초에 수백만 번 꺼지고 켜지기 때문이다.

컴퓨터 시스템 설계에서 열관리는 중요한 문제다.[11] 시스템 작동 속도를 극대화하고자 할 때 특히 그렇다. 트랜지스터가 바뀌는 속도가 빨라질수록 전류량 변화 사이의 시간 간격이 짧아지고, 이런 작동에 의해 발생하는 열을 제거할 시간적 여유가 줄어든다.

클라우드 데이터 저장 서비스를 제공하는 업체는 많다. 각 업체는 수많은 컴퓨터 서버를 사용한다. 모든 서버는 전력이 필요하다. 구글이 운영하는 데이터 센터는 서버를 운용하는 건물 하나에만 소규모 발전소의 발전 용량에 이르는 최대 수백 메가와트의 전력을 사용하기도 한다.[12] 이런 소비 전력 규모를 전 세계의 수많은 데이터 센터에 적용해보면, 클라우드(그리고 일반적으로 인터넷)의 이산화탄소 배출량이 상당하다는 것은 명백하다.

막대한 전력을 사용하는 탓에, 데이터 센터에서 발생하는

열을 식히는 비용도 상당하다. 따라서 요금을 절약하기 위해
(서버가 과열되면 이용자가 저장해놓은 고양이 영상 파일도 없어진다) 다
수의 데이터 센터가 스웨덴이나 핀란드, 미국 북부 미네소타
주와 같이 추운 지역에 있다.

오후 1시 20분

◇◇◇◇◇◇◇◇

프레젠테이션 준비를 마쳤다는 사실에 흡족한 A는 가방에서 태블릿 PC와 헤드셋을 꺼내 다운받은 영상을 보면서 남은 비행 시간을 보내려 한다. A는 아주 작은 이어폰에서 나오는 소리의 음질에 깊은 인상을 받는다. 옆 좌석 승객을 슬쩍 돌아보니, 그 사람도 태블릿 PC로 영상을 보고 있다. 하지만 그는 이어폰이 아닌 **소음 방지 헤드폰**을 사용한다. 크고 묵직한 이 헤드폰이 진짜로 소음을 없애주는지, 아니면 그저 귀를 덮어서 소음을 줄일 뿐인지 A는 궁금하다.

◇◇◇◇◇◇◇◇

소음 방지 헤드폰의 덩치가 큰 이유는, 주위의 소음을 막는 방음 효과뿐만 아니라, 일반적인 수화기 역할도 해야 하기 때문이다. 다시 말해, 상대방의 음파를 감지해서 전압으로 변환시키는 마이크 기능과 이 전압을 다시 음파로 옮겨주는 스피커 기능이 있다. 이렇듯 새롭게 생성된 음파는 주위 소음을 없애기 위해 유입되는 소리에 완벽한 상쇄간섭을 만들어낸다.

소리는 매질 즉 보통은 공기의 밀도 변화로 표현된다.[13] 이런 밀도 변조는 가령 기타 줄 하나를 퉁겼을 때처럼 진동수를 파악하기 쉽고 매끄러우며 주기적일 수 있다. 아니면 비행기 엔진의 굉음처럼 진동수가 일정하지 않고 무질서할 수도 있다. 기타 줄에서 나오는 소리를 생각해보자. 기타 줄은 우리를 향해 움직이면서 공기 분자에 부딪히고, 이들 앞에 있는 공간에 쌓여서 밀도가 평균보다 높은 영역을 만들어낸다. 그러고 나서 기타 줄이 우리에게서 멀어질 때는 줄에서 멀리 전파되는, 밀도가 평균보다 낮은 공간을 남기고 간다. 그 줄이 다시 우리를 향해 진동할 때는 또 다른 고밀도 공기를 만들어내고, 다시 한번 낮은 밀도의 공간이 뒤를 잇는다. 왔다 갔다 하는 기타 줄의 진동은 공기 밀도가 교대로 변하는 상황을 계속해서 만들어낸다. 밀도 높은 공기의 인접 영역 간격을 '파장'이라고 한다. 진동하는 기타 줄로 인해 나타나는 밀도파의 음이 '솔'이라고 가정해보자. 이 음파는 인간의 고막을 똑똑 두드려서 고밀도와 저밀도 공기의 패턴을 따라 조직의 막을 진동하게 한다. 결국 이런 기계적 진동은 전기 신호로 변환되고, 이는 신경 세포에 의해 전송되어 처리된다. 들어오는 신호를 신경 세포가 솔이라는 음으로 해석한다.

그런데 이번에는 이 음파가 우리의 귀에 도달하기 전에 똑같은 음을 내는 또 하나의 음파와 충돌하는 상황을 상상해보자. 두 번째 음파는 모든 면에서 첫 번째와 동일하지만,

아주 중요한 차이가 하나 있다. 두 번째 음파는 첫 번째의 것과 위상이 완벽하게 반대여서 첫 번째 음파에 밀도가 높은 영역이 있을 때마다 밀도가 낮은 영역이 생기고, 그 반대도 마찬가지다. 이와 같은 두 번째 음파를 만들어내기 위해서는 또 하나의 기타 줄이 있어서 처음과 똑같이 튕기면 된다. 다만 첫 번째 줄이 아래로 내려갈 때 두 번째 줄은 위로 올라가도록 세심하게 신경 쓴다. 이 두 음파가 만나면 밀도가 평균보다 높은 영역과 평균보다 낮은 영역이 달라붙듯이 들어맞아서 공간의 모든 지점에서 공기는 평균 밀도로 복귀한다. 두 번째 음파는 마치 첫 번째 음파가 존재하지 않는 것과 같은 효과를 만들어낸다. 평균 밀도가 일정한 공기는 그냥 공기이므로 기타의 '솔' 음은 사라진다. 첫 번째 기타 줄은 음파를 만들어냈고, 두 번째 기타 줄은 반대되는 음파를 만들어내서 그것을 상쇄한 것이다.

단 하나의 음으로 할 수 있는 일을 여러 음으로도 할 수 있다. 비행기 엔진의 진동은 날개의 틀을 통해 비행기 동체로 전달되고, 그곳에서부터 기압을 일정하게 유지한 객실의 공기로 전달된다.[*] 이 음파는 음악이나 대화의 파동과 구분된다. 비행기의 배경 소음은 주파수 범위가 넓어서 사람 고막에 부딪힐 때 다양한 주파수가 서로 주목을 받으려고 경쟁하기 때문이다. 비어 있는 큰 방 맞은편에서의 대화를 내가 엿듣고 있다고 가정해보자. 주의를 기울이면 나는 대화 내용을 파악할 수 있다. 하지만 그 방에서 큰 파티가 열리고 있고, 수십 명의 커플이 모두 제각기 대화한다면, 그중 특정한 대화를 계속 엿듣기란 훨씬 어려울 것이다. 일반 헤드폰은 듣고자 하는 신호를 청자의 귀로 직접 보내면서 주위 소음의 일부를 막아주지만, 나머지는 여전히 사라지지 않은 채 전달되므로 헤드폰에서 나오는 소리에 청자가 집중하기 어렵게 한다.

소음 방지 헤드폰[14]은 파티장에 있는 모든 사람의 대화를 기록하고, 곧바로 그 음파를 무력화하는 반대 음파를 만들어낸다. 헤드폰 안에 삽입한 마이크가 들어오는 소리를 감지한 후 그 밀도파를 상응하는 전압 변화로 전환하고, 재빨리 입력 내용을 분석해서 고유 주파수를 판단한다. 음악과 대화에는 특유의 주파수 신호가 있어서 시끄러운 주위 소음으로부터 구분할 수 있다(어떤 커플이 외국어로 말하거나 말씨가 독특하다면

---

*   실제로는 비행기 외부보다 내부 소음이 크다. 객실 내 공기 밀도는 의도적으로 육지와 같은 수치로 유지되기 때문이다. 반면에 외부 공기는 밀도가 낮아서 음파가 지속되기는 비행기 내부보다 어렵다.

파티의 소음 속에서 집어내기 쉬워지는 이치다). 일단 헤드폰이 소음의 주파수와 진폭을 판단하면, 이 과정을 뒤집어서 소음 방지 전압을 정확하게 만들어내는 수학적 과정은 단순하다. 들어오는 소음 파동을 상쇄하는 기계적 음파를 만들어내는 이 전압은 헤드폰에 있는 스피커로 이동한다. 헤드폰 내부에 설치된 전자 처리기의 속도가 소리보다 몇 배나 빠르므로, 헤드폰은 소음이 바뀌면 이를 보정해서 언제나 완벽하게 소음을 제거할 수 있다.

오후 1시 30분

A가 보던 영상이 채 끝나기 전, 기장이 기내 방송을 통해 비행기가 막 하강하기 시작했으니 개인 물품을 제자리에 놓고 비행기가 착륙할 때까지 모든 전자기기의 전원을 꺼달라고 부탁한다. A가 태블릿 PC 와 이어폰을 집어넣자, 얼마 지나지 않아 비행기가 무사히 착륙한다. A는 비행기에서 내린 후 탑승 게이트에서 부쳤던 수화물 가방을 돌려받고는 공항을 빠져나간다. 택시를 기다리는 줄이 너무도 길어서 도심지에 있는 목적지까지 경전철을 타기로 한다. A는 빠르고 효율적인 경전철을 생각하면서, 비행기를 대신할 만한 **고속열차**가 있었다면 그것을 탔을 것이라고 혼잣말을 한다.

물리학적 관점에서 경전철의 여러 가지 핵심 쟁점은 기본적으로 전기 자동차와 같다. 하지만 고정된 철로 덕분에 고속열차에 적용할 수 있는 동력 수단이 하나 더 생겨난다. 그것은 바로 자석이다.

왜 어떤 물질은 원래부터 자성이 있을까? 모든 원자의 구성요소인 양성자, 중성자, 전자에는 양자역학으로 설명되는 작은 자기장이 모두 내재한다.[15] MRI 스캐너에서는 원자핵의 고유한 자기장을 이용해서 사람 몸속을 촬영할 수 있었다. 전통적인 자석(막대자석이나 말굽자석)의 자성은 철 원자의 자기장으로부터 비롯된다. 대부분 원자는 전자의 N극과 S극이 짝을 이루므로 실질적인 자기장이 없다. 그런데 어떤(철이나 코발트 같은) 경우, 짝없는 (전부는 아닌) 수많은 전자의 자기장이 모두 같은 방향이어서 원자에 실질적인 자기장이 존재하게 된다. 따라서 고체 형태의 철에는 자기를 띠게 되며 그 주변에는 큰 자기장이 생길 수 있다. 이런 자석 두 개를 N극끼리 마주 보게 한 상태로 함께 놓으면 서로를 밀어내는 힘이 강하게 작용할 것이다. 자석 하나는 철로 위에 있고, 다른 것은 기차에 있으면, (자석이 그만큼 강하다는 조건하에서) 이런 반발력이 기차의 무게보다 클 수 있다. 그러면 기차는 철로 위에 뜰 것이다.

자석의 같은 극 사이의 반발력을 통해 자기부상 열차가 공중에 뜰 수 있다.[16] 하지만 이 열차는 쇠막대자석 대신 강력한 전자석에 의존한다. 전동 칫솔의 모터와 그 충전기에 있는 변압기에서 활용하는, 전기와 자기 사이의 깊은 연관성을 앞에서 언급한 바 있다. 움직이는 전하는 자기장을 만들어내고, 변화하는 자기장은 전류를 유도할 수 있다. 기차를 철로 위로 들어 올릴 정도로 큰 자기장을 만들기 위해서는 아주 많은 전류가 꼭 필요하다.

자기부상 열차를 받쳐주는 철로는 그 자체가 자성을 띠게 한다. N극 구획이 있고, 철로를 따라 더 가면 S극 구획이 있으며, 그리고 또 가면 다시 N극 구획이 있고 S극 구획이 있다. 이런 식으로 계속된다. 자기장을 만들어내는 코일은 열차의 맨 아래에 있다. 이 코일에 흐르는 전류의 방향을 변화시킴으로써 그것이 생성하는 자기장의 방향은 반대가 될 수 있다. 코일에서 전류가 시계 방향으로 돌아 흐르면 코일의 한쪽 끝 방향으로 N극이 나오고, 전류가 반시계방향으로 흐르면 코일 끝으로 S극이 나온다. 기차의 전자석에 있는 코일의 전류는 그것이 N극 자기장을 만들어낼 때 철로의 S극 구획으로 당겨지도록 해서 열차가 철로를 따라 진행하도록 한다. 코일의 전류가 철로의 S극 구획과 맞춰지자마자 반대로 흘러 이제는 S극을 만들어낸다. 그러면 이 철로 구획에서 기차가 밀려나 N극인 다음 구획을 향해 간다. 전류를 반대로 흐르게 하는 데 컴퓨터를 사용하면, 코일의 변화하는 전류는 열차가 철로 위를 점점 빠르게 계속 이동하게 할 것이다. 또 하나의 코일 세트는 열차를 철로 위로 들어 올려서 회전하는 바퀴와 철로 사이의 마찰을 없앤다. 그러면 자기부상 열차가 시간당 320킬로미터가 넘는 속도를 내는 것이 가능해진다.

오후 2시 10분

◇◇◇◇◇◇◇◇

경전철에서 A는 스마트폰을 꺼내 클라우드 서비스에 접속한다. 그리고 사진이 계정에 잘 저장되었음을 확인한다. 그리고 A는 지금 타고 있는 경전철의 노선도를 웹 브라우저에 띄워서 목적지인 도심지 사무실의 위치를 비교한다. 이제 여섯 정거장이 남았다. 프레젠테이션 내용을 다시 곱씹어볼 시간은 아직 충분하다.

◇◇◇◇◇◇◇◇

제6장

프레젠테이션

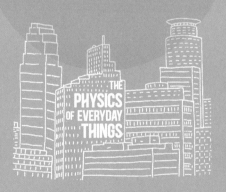

오후 2시 30분

◇◇◇◇◇◇◇◇

A는 회의가 열리고 있는 건물에서 두 블록 떨어진 역에서 내린다. 대부분의 미국 도시처럼 이곳의 중심가 도로도 바둑판 무늬처럼 펼쳐져 있어서 일단 방향만 맞으면 목적지를 찾기는 쉽다. 건물에 도착한 A는 엘리베이터를 타고 23층에 도착한다. 안내원에게 자신을 소개하자 안내원이 주최 측에 연락한다. 몇 분 후에 A는 복도를 따라 프레젠테이션을 하게 될 회의실로 안내받는다. 회의실은 꽤 넓다. 주최자는 50명 이상이 참석할 것으로 예상한다고 말해준다. A의 프레젠테이션은 20분 후에 시작될 예정이다. A는 커피를 마시면서 태블릿 PC를 LCD 프로젝터에 연결하려 하지만, 인식시키는 데 어려움을 겪는다. 다행히도 **USB 플래시 드라이브**에 프레젠테이션 파일을 백업해 놓아서, 이것을 회의실 컴퓨터에 연결할 수 있다. 파일도 잘 열리고, 문서 서식도 깨지지 않았다는 것을 확인한 A는 프레젠테이션 준비를 마친다.

◇◇◇◇◇◇◇◇

컴퓨터는 전류가 많으면 1, 전류가 적으면 0을 나타내는 반도체 트랜지스터를 사용해서 이 수치를 기록한다. 반도체가 멋진 이유는 다른 화학 원소를 소량 더하거나(태양전지와 발광 다이오드의 원리), 트랜지스터에 전기장을 가하면 그 전기 저항이 급격히 변할 수 있다는 점 때문이다.

트랜지스터를 만들려면,[1] 금속판 두 개와 그 사이에 절연체(가령 유리나 공기)가 있는 것으로 구성된 축전기로 시작해서 그중 하나의 금속판을 실리콘과 같은 반도체로 대체하면 된다. 일반 축전기에서는 한쪽 판에 전압을 가하면 전자가 그 금속판 위에 나타난다. 이 금속판은 절연 유리에 의해 다른 금속과 분리되어 있으므로, 전자는 첫 번째 금속판에 쌓이기만 한다. 이런 다량의 음전하는 두 번째 판의 전자를 밀어내서 이 판이 양전하를 띠게 한다. 두 번째 판이 금속이 아닌 반도체일지라도 똑같은 일이 일어난다. 실리콘에 있는 전자는 금속판을 마주하는 면에서 밀려나 이 반도체의 맨 위에 모인다. 전에는 반도체의 맨 위 주위의 이 영역에서 전류가 흐르기에는 여분의 전자가 별로 없었다. 하지만 이제는 그 표면 위의 전하 밀도가 훨씬 높아져서 맨 위쪽 전체에 큰 전류가 나타난다.* 아래쪽 금속판에 전압을 가함으로써 위에 있는 반도체에 흐르는 전류를 급격하게 변화시킬 수 있다. 위쪽 반도체를 통해 전류가 많이 흐를 때 그것은 컴퓨터 메모리에서 '1'을 나타낼 수 있고, 전압이 가해지지 않았을 때

---

* 물론 실리콘 맨 위에 전기가 잘 전도되게 함으로써 우리는 맨 아래 표면이 전도가 잘 안 되는 현상을 감수해야 했다. 하지만 어떤 물질에 전류를 흐르게 할 때 그것은 가장 쉬운 경로(최소저항선)로 흐를 것이고, 우리는 아래쪽 첫 금속판에 가한 전압에 의해 실리콘에 더 많은 전류가 흐르는 결과를 볼 수 있다.

실리콘에는 전류가 아주 조금만 흐른다(이런 경우에 '0'을 나타낸다). 이처럼 아래쪽 판에 전하를 변화시켜서 전기장을 만들어내어 위쪽 반도체의 저항이 바뀌는 것을 전계효과field effect라고 하고, 이 기기 전체를 전계효과 트랜지스터Field Effect Transistor, 약자로 FET라고 부른다.

이런 트랜지스터 구조의 문제는 전압이 아래쪽 금속판에 걸렸을 때만 이 기기에 전류가 많이 흘러서 기기가 '1'을 기록한다는 점이다. 컴퓨터에 이 전압을 공급하는 에너지는 배터리에서, 벽의 콘센트에 전원을 꽂은 경우에는 발전소에서 온다. 전압이 꺼지자마자 금속판에 있는 여분의 전하는 흘러가 버리고, 트랜지스터는 전류가 적은 상태로 되돌아간다. 따라서 모든 트랜지스터의 상태는 기본값인 0이 되면서 1과 0의 연속으로 저장되어 있던 모든 정보가 사라진다.

USB** 메모리 스틱은 전력 공급이 끊겼을 때도 트랜지스터에 전류가 많은 상태일 때의 정보를 유지한다. 트랜지스터를 전류가 많은 상태로 유지하기 위해 첫 번째 금속과 반도

** USB는 '범용 직렬 버스Universal Serial Bus'의 약자로, 노트북 컴퓨터나 태블릿 PC에 끼워 넣는 얇은 직사각형의 연결 장치를 가리킨다. 다양한 기기를 한 가지 종류의 케이블로 연결할 수 있도록 컴퓨터 업계에서 표준 디자인으로 정했다.

체 사이에 있는 절연 유리 내부에 세 번째 금속판을 끼워 넣고,[2] 이것을 실리콘이 '온on' 상태로 유지하는 데 필요한 전하를 저장하는 데 사용한다.

트랜지스터에 있는 절연 유리층은 일반적으로 매우 얇아서 두께가 약 100나노미터에 불과하다(1나노미터는 10억분의1미터로, 원자 3개를 붙여서 나열했을 때 폭이다). USB 드라이브에 있는 트랜지스터에서는 또 하나의 금속판이 추가된다. 이 금속판은 아래쪽 전극과 동일하지만, 절연층 사이에 끼운 실리콘에서 단 10나노미터 아래에 있다. 보통 이 금속은 외부 전선과 연결되어 있지 않아서 트랜지스터가 정상적으로 작동할 때는 아무런 역할도 하지 않는다. 하지만 반도체의 전선이 단락되어 아래쪽 금속 전극(이것에 가해진 전압이 게이트를 열어젖힐 때처럼 위쪽 반도체에 전류를 많이 흐르게 하므로 이를 '게이트 전극'이라고 할 때도 있다)에 고전압이 가해지면, 일부 전하는 절연체를 뚫고 사실상 점프해서* 이 끼운 금속판에 자리를 잡는다. 끼운 판에는 연결된 것이 없기 때문에 보충 전압을 가해서 그것을 상쇄하지 않는 한 전하는 금속판에 남아 있다. 보충 전

---

* 전하가 묻혀 있는 판으로 튀어 나가는 것은 '터널링tunneling'이라는 양자역학적 과정[4]을 통해서인데, 이에 관해서는 자세한 설명을 생략한다.

압이 전하를 제거하기 전까지 절연 유리 내부 판에 있는 전하는 반도체에 반대 전하를 띤 전도성 채널을 유도한다. 이 '플로팅 게이트 전계효과 트랜지스터'는 전력 공급이 끊길지라도 전도성이 높은 온 상태를 유지한다.

('썸 드라이브thumb drive'나 '정크 드라이브'로 알려진) USB 메모리 드라이브는 태블릿 PC나 가벼운 초박형 노트북 컴퓨터와 더불어 장기 데이터 저장을 위해 이런 유형의 트랜지스터를 사용한다. 칩 하나에 부착되는 트랜지스터 수를 극적으로 증가시켰던 것과 비슷한 제조 기술 발전으로, 플로팅 게이트 트랜지스터를 이용한 컴퓨터 메모리 용량은 빠르게 커졌다. 컴퓨터 하드 드라이브로는 원래 N극과 S극이 1과 0을 나타내는 자기구역이 있는 디스크[3]를 사용했다. 이 디스크에서는 아주 빠른 속도로 회전하며 코일과 동일한 역할을 하는 자성 판독기 헤드가 변화하는 자기장을 전류로 변환시킨다. 이와는 대조적으로, 플로팅 게이트 FET 기반의 하드 드라이브는 움직이는 부품이 없으므로, 이런 형태의 컴퓨터 메모리에 필요한 에너지는 훨씬 적다.

오후 2시 50분

A가 프레젠테이션 파일을 USB 드라이브에서 컴퓨터로 옮기는 동안, 회의 주최자가 회의실로 다시 들어와서 A의 프레젠테이션 자료를 출력해서 볼 수 있는지 물어본다. 이렇게 하면 청중이 프레젠테이션 내용을 따라오면서 필기하기 쉬워진다. A는 1박2일짜리 짧은 출장이어서 짐 가방을 가볍게 하려고 프레젠테이션용으로 출력한 노트와 슬라이드는 1부밖에 없다고 답한다. 그러자 주최자는 괜찮다고 하며, **복사기로 출력물을 복사하기 시작한다.**

제로그래피xerography(광전 효과와 정전기 효과를 조합한 전자 사진법의 일종 - 옮긴이)가 발명되기 전에는, 문서의 사본을 만들려면 먹지를 이용해야 했다. 이 기술은 지금도 신용카드를 찍을 때 가끔 사용한다. 복사기는 광학과 전자 기술의 복잡한 활용을 통해 종이의 내용을 다른 종이로 옮긴다.

복사기의 기반은 원통형 드럼의 겉면에 입힌 반도체다.[5] 높은 전압을 가진 전선을 이용해서 반도체 표면 위에 전하를 뿌린다(이 사례에서는 양전하라고 가정하자). 원본 문서는 반도체 위에 있는 유리면에 놓는다. 그 문서 아래로 전등이 움직이면서 종이를 따라 밝은 빛을 비춘다. 문서에서 흰 공간은 이 빛을 반사시켜 전하를 띤 반도체 표면으로 가게 하고, 검은색 공간은 빛을 흡수해서 반사하지 않는다.* 반사된 빛에 노출된 영역은 전하가 중립으로 바뀌어서 원본 문서에 있는 어두운 영역을 이제 반도체 드럼에서 양전하를 띤 영역이 똑같이 흉내 낸다. 안료로 채운 비전도성 플라스틱 입자('토너'라고 한다)[6]는 또 다른 전선의 사용으로 음전하를 띠게 된다. 그다음에 토너가 반도체 표면에 뿌려진다. 음전하를 띤 토너 입자(주로 몇 가지 화학물질이 섞인 탄소 원자 무리다)는 원본 문서의 검은 부분에 해당하는, 드럼 표면에 있는 양전하를 띤 영역으로 당겨진다. 드럼에 전하가 뿌려질 때 사용된 전선으로 용지에 양전하를 가하고 드럼 위에 물리적으로 놓은 다음, 이 종이와 반도체 사이에 토너가 끼어 들어가게 한다. 음전하를 띤 토너 입자는 양전하를 띤 종이로 당겨지고, 종이가 드럼에서 분리될 때 토너도 함께 따라온다. 그다음에 용지가 가열되면 토너가 녹아 인쇄면에 붙고, 전하는 중립 상태가 된다. 이 종이는 이제 원본 문서의 사본이 된다.

종이가 출력함으로 나올 때 반도체 드럼 표면 위를 고무 롤러가 누르고 지나가 여분의 토너를 쓸어버린다. 이는 또

---

* 설명을 간단히 하기 위해 여기에서는 흑백 복사를 한다고 가정한다.

한 표면에 남은 전하도 모두 제거해서 드럼이 다음 복사를 준비하게 한다. 대부분 복사기에서 이 모든 과정이 1초 내에 이루어진다.*

이 모든 것의 성공 비결은 빛이 양전하를 띤 반도체 드럼을 비출 때 전하가 멀리 밀려나서 어두운 부분에만 남은 양전하가 음전하를 띤 토너 입자를 당긴다는 것이다. 빛이 반도체 표면의 전하를 바꿀 수 있는 이유는, 반도체가 중간 수준으로 전기를 전도하기 때문이다. 반도체는 금속만큼은 아니지만, 절연체보다는 전도성이 훨씬 뛰어나다. 적절한 파장의 빛이 반도체를 비추면 그 전기 저항이 급격하게 줄어들수 있다. 에너지가 낮은 1층 객석에 있는 자리[7]는 모두 전자로 채워지고, 전자 두 개가 같은 자리에 앉을 수는 없기 때문에 전자가 앉을 빈자리가 없으면 전류도 흐를 수 없다. 일부 전자가 에너지가 높은 발코니석 상태로 올라가는 경우에만 가해진 전압에 대한 반응으로 자리를 이동하면서 전류를 생성할 수 있다. 양전하를 띤 반도체를 가시광선이 비추면 빛

---

* 1986년 기사에 나온 데이비드 오웬David Owen의 말을 인용하면[8] 제록스 기계는 "극도로 복잡한 공학에 의한 경이로운 업적으로, 우체국처럼 사람들의 기대보다 실제 효과가 훨씬 좋다."

을 받은 영역의 전도성이 증가한다. 밝은 영역의 전하는 반대편에 있는 전극으로 신속하게 이동할 수 있다. 어두운 곳에 있는 전하는 움직일 수 없으므로(저항이 여전히 너무 강하다) 제자리에 남아서 음전하를 띤 토너 입자를 끌어당긴다.

스캐너의 원리도 복사기와 같다. 일단 문서의 어둡고 밝은 부분의 정보가 반도체 드럼에 있는 픽셀에 매핑되면, 전하가 많고 적은 고유 영역이 각 위치에 있는 축전기에 저장된다. 전하 결합 소자(디지털 카메라처럼)를 사용하면, 이들은 일련의 전압으로 인식되므로 컴퓨터 메모리에 저장될 수 있다. 이런 전압 집합을 사용해서 잉크젯 프린터를 작동시키면 출력할 수 있다. 이 경우에는 종이 한 장이 어떤 봉을 지나가도록 당겨지는데, 이 봉은 벨트와 도르래가 인쇄 카트리지를 왔다 갔다 하도록 조절해준다. 잉크젯 인쇄의 한 가지 형태에서는 잉크 저장용기를 사용한다.[9] 이 저장용기는 잉크를 종이에 뿌리는 통로인 분사구가 있는 실린더와 연결된다. 압전결정체가 있는 실린더의 맨 위에 압력이 가해지면 잉크가 배출된다. 압전결정체 전체 전압의 변화에 따라 결정체는 팽창하거나 수축하는데, 팽창할 때는 잉크를 분사구 밖으로 밀어내고, 수축할 때는 저장용기에서 잉크를 더욱 많이 끌어내어 인쇄 실린더 안으로 보낸다. 문서를 일련의 전압으로, 그리고 이 전압을 다시 인쇄물로 전환하는 기능으로 인해 하나의 기기가 스캐너, 팩스기, 프린터, 복사기를 모두 겸할 수 있다. 이들은 모두 물리적 원리가 같다.

이렇게 광범위하게 사용되는 제품인데도, 우리는 복사기에 필요한 반도체의 종류를 제대로 알지 못하고 있다. 물리학자들은 무질서한 고체보다 결정체의 특성을 훨씬 많이 알고 있다. 어떤 고체든 1입방인치(16,387입방센티미터 – 옮긴이)당 원자의 개수는 약 1조 곱하기 1조 개에 이른다. 1조 곱하기 1조 방정식을 푸는 골치 아픈 일을 하지 않으려고 물리학자들은 결정체 구조의 대칭성을 활용해서 물질의 특성을 설명한다. 하지만 원자가 무작위로 배열되어 있을 때는 이런 손쉬운 방법을 사용하기가 불가능하다.

지금까지 언급한 반도체는 '결정성 반도체crystalline semiconductor'다. 전체가 탄소 원자로 이루어진 고체를 생각해보자. 단, 각각의 원자는 아주 정확한 위치에 놓여 있는데, 하나는 피라미드*의 한가운데에, 다른 것은 꼭짓점에 있다. 이런 배열 상태를 '다이아몬드 결정 격자diamond crystal lattice'라고 부른다. 사실 우리가 다이아몬드라고 하는 것은 탄소 원

---

* 정확하게 말하면 '사면체'이다.

자가 이런 식으로 배열된 것일 뿐이다. 결정 구조는 여러 가지 종류가 있다.** 예를 들어 소금의 구조는 단순한 정육면체로, 나트륨과 염소 원자가 정육면체의 반대쪽 구석에 있는 구조가 무한대로 반복된다. 하지만 무질서 또는 무정형 구조처럼 원자가 무작위로 배열될 수 있는 방식이 훨씬 많다. 복사기의 핵심 부품인 반도체 드럼은 사실 (결정성 반도체와는 다른) 무정형 반도체로 구성되어 있다.[10]

복사기 드럼이나 복사기 안의 벨트에는 무정형 반도체를 이용해서 비용을 절감한다. 큰 실리콘 결정체 하나를 만들려면, 먼저 녹인 실리콘 한 통이 필요하다. 이 고온 액체 속으로 결정체의 시드를 담갔다가 천천히 빼낸다.[11] 이때 빠져나오는 실리콘은 시드의 결정 구조를 따른다. 이렇게 느리고 조심스러운 과정이 끝날 때 결정성 실리콘의 큰 원통이 나오는데, 그 지름은 25.4~30.5센티미터다. 살라미 소시지를 자르듯 이 원통을 얇은 디스크로 잘라낸다(복사기에 들어가는 한 개의 드럼에 결정성 원통을 모두 사용한다면 복사기 가격이 너무 높아지므로 아직도 먹지를 사용할 것이다). 다음에는 일련의 화학처리와 열처리 과정을 통해 마이크로칩을 각각의 디스크에 부착

** 고유한 결정 구조는 그 수가 예상외로 적다.

하고, 이 디스크를 별개의 칩으로 절단해서 휴대폰, 노트북 컴퓨터, 기타 첨단기술 기기에 활용한다. 하지만 일반 복사지에 복사하는 경우에 디스크는 필수 부품이 아니다. 복사기가 처음 등장했을 때 사람이 제작할 수 있는 단결정 실리콘의 가장 큰 원통은 지름이 5.1~7.6센티미터에 불과해서 복사기에 쓰기는 작았다. 몇 개의 디스크 조각을 잘라서 접착하면, 각각의 결정 영역 경계를 따라 복사지에 세로줄 무늬가 명확하게 남는다. 하지만 원자를 실제로 표면 위에 무작위로 뿌려서 칠한다면 무정형 반도체는 일반 복사지 크기만큼의 면적을 처리할 수 있다.

제록스Xerox 상표가 붙은 최초의 복사기 시절부터 복사기 드럼 재료로 무정형 반도체를 꾸준히 사용해왔다. 태양전지, 평판 디스플레이, 스캐너, 복사기, X선기와 같은 여러 기기 (기본적으로 넓고 평평한 영역 위로 반도체를 뿌려야 하는 것이면 무엇이든)에 사용하고 있음에도 과학자들은 그 작동 방식을 완벽하게 이해하지는 못하고 있다. 하지만 이런 기기를 좀 더 잘 이해하면 기기도 더욱 잘 만들 수 있다는 희망을 품은 채 연구를 계속하고 있다.

오후 3시

◇◇◇◇◇◇◇◇

주최자가 복사물을 갖고 돌아온다. A는 빌린 노트북 컴퓨터 VGA 케이블을 회의실에 있는 **LCD 프로젝터**에 연결한다. A는 혹시 컴퓨터가 작동하지 않으면 어쩌나 하며 잠시 걱정하다가 컴퓨터 화면이 프레젠테이션 화면에 비치자 안심한다.

◇◇◇◇◇◇◇◇

슬라이드 프로젝터는 투명 플라스틱에 인쇄한 작은 사진을 통해 밝은 빛을 비춘다. 그런데 LCD 프로젝터는 액정 화면을 사용해서 컴퓨터의 디지털 파일로부터 가상 사진 슬라이드를 만들어내고, 이를 화면에 비춘다.

액정은 액체의 모든 특성을 갖춘 진짜 유체다.[12] 그것을 용기 가득 채우고 용기를 기울이면, 다른 점성액과 다를 바 없이 분자의 집합이 흘러나와 쏟아진다. 하지만 결정체에서 볼 수 있듯이 그것의 분자 단위 배열에는 근본적인 질서가 있다. 대부분의 결정성 고체에는 물질을 통해 주기적으로 반복되는 기본 요소로 원자 하나 또는 작은 분자들이 있다. 액정에서는 이런 역할을 탄소 기반의 큰 분자가 맡는다. 이 분자는 상세한 화학적 구성요소들과 이들의 결합 방식에 매우 민감한 특성이 있다. 정확한 구성과 분자가 상호작용하는 방식에 따라 이 분자는 일반 액체와 같이 무작위로 배열될 수 있다. 하지만 온도를 낮추면 무작위성이 덜한 배열을 가질 수도 있다.

얼음이 녹거나 물이 끓는 현상과는 달리 액정에 발생하는 전이에서는 분자의 재배치가 덜 급격하게 일어난다. 예를 들어, 이 긴 사슬 분자의 일부는 이웃 분자와의 정전기 작용 때문에 그 기다란 쪽이 기본적으로 모두 같은 방향으로 정렬될 수 있다. 이는 이쑤시개 여러 개를 폭이 좁고 긴 상자에 넣은 것과 같다(이를 '네마틱nematic' 양상이라고 한다). 온도를 낮추면 이 분자의 열에너지는 더욱 줄어든다. 즉 운동에너지가 과도해진다. 따라서 이들은 또 다른 약한 정전기 작용에 흔들려서 다른 패턴으로 정렬된다. 액정의 아름다움과 강점은, 특정한 분자의 경우 온도를 바꿀 필요 없이 단지 액체가 들어 있는 공간 전체에 외부 전기장을 가하기만 해도 이와 같은 분자 배열이 완전하게 전이된다는 점이다.

바로 이런 액정의 특징이 LCD 프로젝터와, 태블릿 PC나 TV 같은 평면 패널 디스플레이에서 활용된다.[13] 화면은 (ATM 터치스크린처럼) 화소의 2차원 격자무늬로 나누어진다. 이때 각각의 픽셀은 약간 떨어진 채로 있는 유리판들로 구성된 작은 칸이고, 유리판 사이에 액정이 있다. 유리 앞판과 뒤판에는 편광자polarizer가 있는데, 이 편광자는 그 전기장이 특정한 방향을 향하는 빛만 통과시킨다. 평범한 백색광은 전기장이 가능한 모든 방향으로 진동하는 전자기파가 뒤범벅된 빛이다. 편광자는 감옥의 창살과 같아서, 일단 빛이 그것을 통과하면 전기장은 비전도성 창살과 동일한 방향을 가리킨다. 픽셀 칸의 한쪽 끝에는 수직 편광자가 있어서 칸에 들어오는 빛에는 수직 방향으로 진동하는 전기장을 가진다. 두 번째 유리판에는 수평 방향의 편광자가 있다. 빛의 전기장은 수평 방향으로 놓여 있지 않기 때문에 첫 번째 유리를 통과하는 데 성공한 빛은 두 번째 유리는 통과할 수 없다. 즉 두 편광자 사이의 액정이 빛의 전기장 방향을 바꿀 수 없는 한 그렇다.

LCD 픽셀에는 특정한 액정 분자가 선택되어, 그 분자의 기다란 축은 하나의 유리판 위에서 편광자의 수직선 방향으로 정렬한다. 유리판의 반대쪽 면에 있는 분자는 수평 편광자 방향과 일직선이 된다. 이 두 개의 유리판 사이에서 액정 분자는 수직에서 수평 정렬로 부드럽게 꺾인다. 이 액정은 분자의 방향을 따라가며 빛의 전기장을 이끌어준다. 수직 편광의 전기장은 회전해서 두 번째 편광자에 도달했을 때 수평면에 있게 된다. 따라서 빛이 이 픽셀 전체를 비추

그림 6-1 **액정 화면 픽셀**

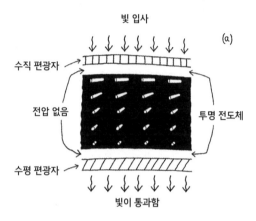

빛 입사

(a)

수직 편광자 →

전압 없음

투명 전도체

수평 편광자 →

빛이 통과함

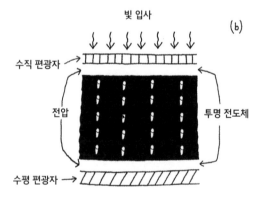

빛 입사

(b)

수직 편광자 →

전압

투명 전도체

수평 편광자 →

면 픽셀은 밝아진다(터치스크린 화면에 사용되는 인듐틴옥사이드in-dium-tin-oxide(ITO) 같은 투명 전도체를 사용한다). 5볼트의 낮은 전압을 두 유리판 전체에 가하면 액정의 배열은 다른 형태로 전환된다. 빛의 전기장은 이제 수직에서 수평으로 회전하지 않으므로 어떤 빛도 어두운 상태의 픽셀을 통과할 수 없다.* 배열된 각각의 픽셀에 가하는 전압을 변화시키고 필터를 사용함으로써 컬러 이미지를 생성할 수 있다.

---

* 액정 화면에서 방출된 빛이 편광 과정을 거칠 때 편광 선글라스를 쓰고 그 화면을 보면 서로 다른 편광자 때문에 생기는 간섭무늬를 볼 수 있다.

오후 3시 5분

◇◇◇◇◇◇◇◇

A의 첫 번째 슬라이드가 화면에 비치고, A는 프레젠테이션의 내용을 가리킬 작은 휴대용 **레이저 포인터**를 시험해본다. 초록색 점은 밝아서 회의실 뒤쪽에서도 잘 보인다.

◇◇◇◇◇◇◇◇

레이저 포인터, 바코드 판독기, DVD 플레이어, 블루레이 플레이어에서는 모두 발광 다이오드를 개선한 레이저 다이오드라는 장치를 사용한다.

다이오드는 반도체 두 개로 구성된다.[14] 전류가 첫 번째 반도체를 통과하고, 그다음에 두 번째 반도체를 통과하도록 전기 인출선들이 배치되어 있다. 앞에서 반도체를 설명할 때 1층 객석의 모든 좌석에는 전자가 앉아 있고, 2층 발코니석은 비어 있다는 비유를 들었다. 그처럼 전자는 한 좌석에서 인접한 빈자리로 움직이는 경우에만 전류를 흐르게 할 수 있다. 빈자리가 없는 1층 객석에는 전류가 흐를 수 없다. 전자가 움직여서 앉을 자리가 없기 때문이다. 발코니도 마찬가지다. 빈자리는 많지만, 전자가 없기 때문이다. 소량의 화학적 불순물을 더한 반도체를 상상해보자. 이때 불순물은 에너지가 낮은 1층 객석의 전자를 전혀 가져가지 않은 채 발코니

그림 6-2 **P-N 접합 반도체(다이오드)**

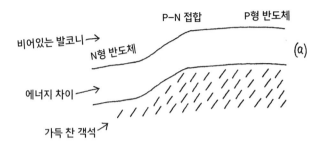

비어있는 발코니 →
P-N 접합　　　P형 반도체
N형 반도체
(a)

에너지 차이 →

가득 찬 객석 ↗

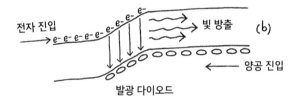

전자 진입
→
e- e- e- e- e- e- e-
빛 방출
(b)

양공 진입
발광 다이오드

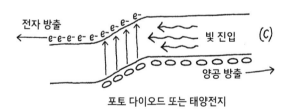

전자 방출
← e- e- e- e- e- e- e-
빛 진입
(c)

양공 방출
포토 다이오드 또는 태양전지

석에 전자를 공급하는 효과를 낸다. 이제 이 물질은 전기를 훨씬 잘 전도할 것이다. 1층 객석에서 전자를 빼내어 발코니석에 전자를 전혀 추가하지 않은 채 빈자리를 두고 떠날 수 있는 다른 화학적 불순물도 있다. 1층 객석에 있던 전자는 빈자리가 된 곳으로 점프해 갈 때 빈 공간을 두고 떠나고, 전자가 빠진 곳(또는 양공)은 1층 객석을 관통하며 이동해서 전류를 흐르게 할 수 있다. 첫 번째 종류의 불순물은 'N형 반도체'라는 것을 만들어낼 것이다. 이름을 이렇게 붙인 이유는, 움직이는 전하가 음전하를 띤 전자이기 때문이다. 두 번째 종류의 불순물은 'P형 반도체'를 만들어낸다. 무대 앞 1층 객석에 있는 양공이 양전하를 띤 입자와 같은 역할을 하기 때문이다. N형 반도체와 P형 반도체가 나란히 놓이고, 각각의 옆면에 금속 인출선이 부착될 때 얻게 되는 것이 다이오드다.

전자는 많지만 1층 객석에 빈자리가 없는 반도체가 1층 객석에 빈자리는 많지만 발코니석에는 전자가 없는 또 다른 반도체 옆에 놓이면, 한쪽 발코니석에 있는 전자가 다른 쪽 발코니석으로 이동한다(혼잡한 방에 있는 사람들이 인접한 빈방으로 난 문이 열리면 그곳으로 가버리는 것과 같은 이치다). 이로 인해 전자는 P형 반도체의 빈 1층 객석 위쪽에 놓이면서 비어 있는 이 자리로 내려가 그 에너지를 낮출 수 있게 해준다. 이 과정에서 빛이나 열로 에너지가 방출된다. 이런 재결합은 대부분 두 반도체가 만나는 P-N 접합 지점에서 일어난다. 하지만 여분의 전자와 양공이 사라지면 다른 전하가 남게 된다. 두 반도체에 추가된 불순물 원자에는 그만의 전하(N형 반도체에는 양전하를 띤 이온, P형 반도체에는 음전하를 띤 이온)가 있다. 이들의 균형을 맞추어줄 전자나 양공이 없으면, 이들은 내부 전기장을 만들어낸다. 이 전기장에 의해 다이오드는 놀랄 만큼 다재다능한 기기가 된다(발코니석에 있는 빈자리를 이용할 수 있는데도). 전류가 내부 전기장을 거슬러 흐르기는 매우 힘들다. 하지만 전선의 극이 뒤바뀌면 전류가 전기장 방향으로 지나가기가 아주 쉬워진다.

반도체에 빛을 비춰보자.[15] 그 빛의 에너지가 흡수된다면 (즉 최소한 1층 객석 맨 위와 발코니석 맨 아래에 빛 에너지가 걸친다면) 전자와 양공이 만들어진다. 이 전하들은 내재한 전기장에 갑작스럽게 영향을 받아 서로 밀려 떨어지게 되므로 전자는 N형 쪽으로, 양공은 P형 쪽으로 이동한다. 빛이 많이 흡수될수록 밀려나는 전하는 많아지고, P-N 접합 지점에 빛만 비추어도 그곳으로부터 전류가 생성될 수 있다. 이것이 태양전지로, 자기장에 코일을 회전시킬 필요 없이 빛 에너지를 직접 전류로 전환하는 수단이다.

전자를 N형 쪽으로, 양공을 P형 쪽에서 밀어 넣어 전류를 반대 방향으로 흐르게 하면, 둘 사이에 있는 P-N 접합 지점에서 전자와 양공이 만난다. 이때 전자는 1층 객석의 빈자리(양공)로 내려가고 이에 따라 빛이 방출될 것이다. 이것이 발광 다이오드Light-Emitting Diode(LED)[16]로, 이는 태양전지가 거꾸로 작동하는 것이다. 다시 말해, 태양전지에서는 빛이 들어가면 전류가 나오는 반면, LED에서는 전류가 들어가면 빛이 나온다. 같은 기기여도 빛을 전류로 전환하는지, 전류를 빛으로 전환하는지에 따라 차이가 있다.

백열전구에서는 많은 전류를 전선에 흘려보냄으로써 전류의 운동에너지가 전선으로 이동하고, 전선은 백열 상태가 된다. 토스터의 전선과 마찬가지로, 전류 에너지의 상당량이 전선을 가열하는 데 사용되고 그 일부만이 빛으로 전환된다. 하지만 LED에서는 열이 발생하지 않는 대신에 전류 에너지가 직접 빛으로 전환된다. 이 때문에 LED 전구는 에너지 효율이 훨씬 높다.*

LED를 반도체 레이저로 바꾸기 위해서는[17] 전자와 양공을 붙잡아주는 특정한 화학 원소를 추가해서 P-N 접합 지점 영역의 재결합을 지연시킨다. 그다음에 정확하게 맞는 에너지를 보유한 광자 하나가 전자와 양공의 재결합을 활발하게 하고, 동시에 두 번째 광자 형성을 유도한다. 따라서 이 두 개의 광자는 위상이 같고(이들의 전기장과 자기장의 진동이 일치하고), P-N 접합 지점 영역에 들어오는 다음 전자와 양공에 또 한 번의 빛 방출을 유도한다. 빛의 일부는 N형과 P형 반도체층을 모두 통과하지 않은 채 이 접합 지점과 평행하게 이동한다. 접합 지점의 모서리는 거울처럼 윤이 날 정도로 반짝여서 이 빛이 왔다 갔다 하며 반사되게 하고, 들어오는 전자와 양공이 재결합해서 반사된 광선과 위상이 같은 빛을 방출하도록 이들을 계속 자극한다. 반짝이는 면 중 하나에 초점 렌즈가 있는 작은 조리개가 파장과 위상이 일치하는 빛 일부를 밖으로 나오게 한다. 모두 같은 방향으로 이동하기 때문에** 이 일관된 빛을 레이저 광선이라고 한다. 레이

---

*　LED에서 나오는 모든 빛은 에너지가 같고, 이 에너지는 발코니석 맨 아래와 1층 객석 맨 위의 차이에 의해 결정된다. 백색광 LED를 만들려면 각각 다른 색의 빛을 내는 LED가 여러 개 필요한데, 이 빛들을 합치면 흰색으로 보인다.

**　레이저 광선은 생성되는 지점에서 거의 확산하지 않으므로 포인터에서는 눈에 보이지 않다가 화면에 도달한 다음에는 보인다. 그 이유는 화면의 불규칙성으로 인해 빛이 모든 방향으로 흩어지기 때문이다. 포인터에서 화면으로 이동 중인 레이저 광선을 보려면, 작은 미립자를 먼저 만들어서 흩어지게 해야 한다. 교실에서는 칠판지우개 두 개를 마주쳐서 뿌연 먼지를 일으키거나, 담배 연기를 사용할 수 있다. 하지만 칠판지우개와 담배는 교실이든 회의실이든 금지 대상이 되었다.

저LASER는 '복사의 유도 방출로 증폭된 빛Light Amplification by the Stimulated Emission of Radiation'의 약자다.

레이저 포인터에는 작은 배터리가 있다. 이 배터리는 내재한 P-N 접합 지점 전기장과는 반대로 전자와 양공을 생성하는 전압을 공급해주어 레이저 광선을 만들어낸다. 최초의 반도체 레이저 다이오드는 적외선을 방출했다[18](적외선은 프레젠테이션에 쓸 포인터에는 별로 유용하지 않지만 CD 플레이어에는 괜찮다). 이후 재료 연구와 제조 기술의 발전으로 (DVD 플레이어에 사용되는) 눈에 보이는 붉은 빛, 그 후 초록빛, 마지막으로 신뢰할 만하고 (가장 중요한 점인) 저렴한 청자색 반도체 레이저(블루레이 플레이어)가 개발되었다. 레이저 스캐너는 흑백 줄무늬 전체에 레이저 광선을 쏴서 바코드를 판독하고 흰색 영역에서 반사된 빛을 기록했다. 이는 신용카드에서 자기 테이프의 자기 영역 배열과 똑같이 정보를 부호화하는 저·고광도의 시퀀스를 만들어낸다. 스마트폰의 QR 코드도 이와 똑같은 원리로 작동하지만, 2차원의 밝고 어두운 시퀀스를 통해 1차원인 바코드보다 100배가 넘는 정보를 표현할 수 있다.

오후 3시 10분

◇◇◇◇◇◇◇

A는 시간을 내서 이곳에 참석해주신 모든 분께 감사하다며 발표를
시작한다. 주최자는 회의실 뒤에 있는 청중이 A의 목소리를 잘 듣지
못한다는 점을 지적하며 클립 모양의 작은 **마이크**를 재빨리 건네주고
스피커를 켠다. A는 마이크를 윗옷에 달고, 음량이 너무 크지는 않은
지 확인한 후 프레젠테이션을 다시 시작한다.

◇◇◇◇◇◇◇

　　마이크는 음파를 전압으로 변환하는 기기다. 그 원리는
소리의 변화하는 진폭과 파장에 부호화한 정보를 전압 변화
로 보존하는 것이다. 이 전압이 전기적으로 증폭되어 스피커
로 가면 소리가 훨씬 커진다. 공기 압력의 변화를 전압으로
변환해주는 신기술 개발 덕분에 전화, 방송, 녹음 기술뿐만
아니라 대중음악 스타일에도 변화가 일어났다.

　　일반 전화의 초기 모델에 내장된 마이크[19]는 그을음의 전
기적 특성을 활용해서 무작위로 모아놓은 비결정성 탄소 미
립자가 든 실린더로 구성되었다. 이 미립자는 그 위쪽 뚜껑
을 섬유막에 연결한 실린더 안에 가득했다. 수화기에 대고
사람이 말을 하면 목소리에 의한 공기 압력의 변화로 인해
섬유막이 진동했다. 음이 높을수록 섬유막이 빠르게 진동해

서 그 진동폭을 통해 사람이 얼마나 큰 소리로 말하는지 나타냈다. 내려가는 진동은 탄소 미립자를 압축시키는 반면, 올라가는 진동은 미립자에 가하는 압력을 낮추었다. 미립자 사이의 접촉은 실린더가 얼마나 강하게 눌리는지에 따라 변했다. 탄소 미립자는 전기를 아주 잘 전도하므로(금속만큼은 아니지만, 절연체보다는 낫다) 탄소 입자로 채운 실린더가 전류를 흐르게 하는 능력은 미립자의 평균 간격에 굉장히 민감하다. 접촉하지 않은 두 개의 미립자는 전류를 전달하지 않고, 함께 단단하게 붙어 있는 것은 살짝 닿아 있는 경우보다 저항이 낮다. 사람이 마이크에 대고 말을 하면, 말로 인한 공기의 압력 변화에 정확하게 비례해서 탄소 미립자 집합의 저항이 변화한다. 그 결과로 나타나는 실린더를 흐르는 전류의 변조가 전압으로 변환되면, 말한 사람의 목소리 음파는 전기적으로 표현된다.

탄소 미립자 마이크는 말하기에는 잘 맞지만, 주파수 충실도는 약간 부족하다. 탄소 미립자가 조금이라도 가라앉으면 전류가 무작위로 변하고, 이로 인해 이런 종류의 마이크에서 흔히 들리는 치직 하는 소음이 생긴다. 이에 대안이 될 만한, 축전기에 기반을 둔 마이크의 연구개발 덕분에 새로운 부류의 대중가수가 급증할 수 있었다. 소리만 전달하면 성공이던 구세대 가수와는 달리(탄소 마이크가 발명되기 전에 가수들은 메가폰을 사용했다), 축전기 마이크 덕분에 가수들은 마이크에 가까이 다가가서 좀 더 친밀하게 낮은 목소리로 노래할 수 있게 되었다.

콘덴서 마이크(콘덴서는 축전기의 또 다른 이름이다)에서 입사 음파로 인해 진동하는 막은 평행판 축전기의 한 판이다.[20] 평행판 두 개의 전기 용량은 판의 분리에 매우 민감하다. 이 판이 공기 압력 변화로 인해 왔다 갔다 하며 휘어지면, 두 판의 거리는 감소하거나 증가해서 전기 용량에 작지만 측정 가능한 변화가 일어난다. 그리고 이는 축전기 전체 전압의 변화로 나타난다. 축전기는 아주 빠르게 충전하고 방전할 수 있으므로, 적절하게 설계된 회로는 상당히 넓은 진동수 범위에 걸쳐서 판 간격의 변화를 매우 빠르고 정확하게 따라갈 수 있다. 이런 마이크는 매우 민감해서 진폭이 아주 낮은 음파도 정확하게 감지할 수 있다. 축전기 전체 전압에 측정 가능한 변화를 유도하기 위해 공기가 아주 조금만 움직여도 되기 때문이다. 가수들은 이제 사람들에게 목소리를 들려주려고 소리를 지를 필요가 없게 되었고, 빙 크로스비Bing Crosby와 프랭크 시나트라Frank Sinatra 같은 대중음악의 거장들은 자신을 출세하도록 도와준 물리학의 발전에 감사해야 한다.

초창기 라디오 방송국에서 사용한 '리본 마이크'[21]는 영구자석의 자기장에서 움직이는 금속판을 이용했다. 리본 마이크의 물리적 원리는 일반 스피커가 거꾸로 작동할 때와 기본적으로 같다. 다만 전선 코일 대신에 얇은 금속 조각을 사용한다. 금속 조각 영역을 통과하는 자기장 양의 변화가 금속 조각의 모서리를 따라 전류를 유도한다(금속 조각은 전선 코일과 비슷한 역할을 하는데, 코일에서는 그것을 통과하는 자기 흐름의 변화가 전선에 전류를 유도한다). 금속 조각을 빠져나가는 자기장의 변화는 들어오는 음파와 시간과 진폭이 다르므로, 이는 금속 조각에 흐르는 전류의 변화로 나타난다. 사람 목소리에서 나올 수 있는 어떤 음이든 정확하게 포착될 수 있는 것은 리본 마이크의 폭넓은 주파수 범위 덕분이다.

작동에 필요한 전력이 적은 마이크는 옷깃에 끼우거나, 저장용량이 제한된 배터리가 에너지원인 휴대폰 등 여러 전자기기에 부착하는 경우에 바람직하다. '일렉트렛electret 마이크'[22]('electret'은 전기를 뜻하는 electricity와 자석을 뜻하는 magnet의 합성어다)는 근본적으로 콘덴서 마이크 즉 축전기 마이크다. 다만 축전기 판 중 하나가 영구 전하를 지니는 자석과 전기적으로 동등하다는 점이 다르다. 철과 같은 영구자석은 각각의 철 원자에 있는 작은 자석 여러 개로 이루어져 있다. 각각의 원자에는 N극과 S극이 있다. 원자의 자기장이 대부분 같은 방향을 가리키면, 고체 철 조각에는 실질적으로 큰 자기장이 생길 것이다. '일렉트렛'도 이와 비슷하지만, 여기에는 자기쌍극자magnetic dipoles 대신 전기쌍극자electric dipoles(즉 가까운 거리에 분리되어 있는 양전하와 음전하)가 있다는 점이 다르다. 석영(이산화규소 또는 일반 유리의 결정 배열)도 여러 긴 사슬 탄소 기반의 중합체분자와 마찬가지로 일렉트렛이다.

콘덴서 마이크에 일렉트렛 물질을 포함하면 세 가지 큰 장점이 있다. 첫째는 저렴하다는 점이다. 둘째는 항상 극성이 있어서 판 하나가 일렉트렛인 곳에서는 축전기 전체에 전압을 유지하는 데 외부 전력 공급이 필요하지 않다는 점이다. 그리고 셋째는? 또 저렴하다는 점이다! 축전기 판의 하나로 일렉트렛을 사용하면, 이미 전하를 띠고 있으므로 외부 충전이 불필요하다. 대량 생산되는 전자제품에서 첫 번째와 세 번째 장점은 당연히 아주 중요하다. 대형 콘덴서 마이크나 리본 마이크만큼의 주파수 충실도에는 한참 못 미치긴 해도, 이들은 작고 가볍고 저렴하게 만들 수 있다. 결과적으로 스마트폰과 소음 방지 헤드폰을 포함해서 전화기 기능이 있는 거의 모든 휴대용 전자기기에는 일렉트렛 마이크 기술이 사용되었을 것이다.

오후 3시 15분

◇◇◇◇◇◇◇

A는 프레젠테이션을 시작하며 다음과 같이 말한다. "참석해주신 모든 분께 감사드립니다. 아시다시피 다들 휴대용 전자기기를 참 좋아하시죠. 하지만 이 제품들의 안전성을 확신하지 못하는 분도 있습니다. 예를 들어, 사람들은 전화기의 수신 기능이 향상되었으면 하지만, 정작 이동전화 기지국이 주변에 있으면 불안해하죠. 오늘 저는 **복사** radiation(우리말로 복사, 방사, 방사선, 방사능 등으로 다양하게 해석할 수 있음 – 옮긴이)가 무엇인지에 관한 배경 지식을 전달해 드리려 합니다. 저희 고객들께서 이 주제와 관련해서 현명하게 판단하시는 데 도움이 될 것입니다."

◇◇◇◇◇◇◇

물리학자들은 소리든, 전자기파든, 핵에서 **빠져나온** 고속 아원자 입자(전자, 양성자, 중성자 또는 이들의 조합)든 이들의 에너지 방출을 '복사'라고 부른다. 오늘 아침에 A가 스피커를 통해 들었던 음악은 방의 모든 지점으로 복사되었으므로, 그가 아침 식사를 준비하며 돌아다니면서도 들을 수 있었다. A가 항공편을 확인할 때 태블릿 PC가 멀리 있는 서버에서 요청했던 정보는, 스펙트럼의 라디오 부분에 있는, 전자기파를 복사하는 와이파이 기지국에서 전송되었다. A의 발목 사진은 X선 방사선을 이용해서 찍었다. 보안검색대를 통과할 때 A의 짐 가방은 폭발물 탐지기를 통해 추가 점검을 받았다. 이 탐지기는 핵방사선을 이용해 분자가 전하를 띠게 한 뒤 이온 이동도 분광기로 검사했다. 방사선은 해로울 수도 있고, 도움이 될 수도 있고, 아무런 영향을 미치지 않을 수도 있다. 핵심 논점은 방사선 자체가 아니라, 그것이 분자에 입사되었을 때 어떤 작용을 하느냐이다. 방사선에 의해 하나 이상의 전자가 제거되어 분자가 전하를 띤 이온이 되면 이를 '전리 방사선ionizing radiation'이라고 한다. 가시광선과 에너지가 같거나 그보다 낮은 방사선은 대부분 이온화되지 않는다.

모든 분자에 있는 원자는 화학결합에 의해 고정되고, 기존 화학결합을 깨는 데 필요한 에너지는 대략 수 전자볼트[23](eV)이다.* 적은 에너지로도 끊어질 수 있는 화학결합이 있고 전자볼트가 많이 필요한 훨씬 튼튼한 화학결합도 있지만, 결합을 깨는 데 수 전자볼트가 소모된다는 말은 아주 틀리지는 않다. 화학결합은 이웃한 두 원자 사이의 상호작용이고, 입사 방사선에 전자를 제거할 정도의 에너지가 있는 경

---

* 물리학자들이 사용하는 에너지 단위로, 1전자볼트는 1개의 전자가 전위차 1볼트인 전극 사이에서 가속될 때 하는 일의 크기다.

우에 손상된다. 라디오파 광자의 에너지는 10억분의1 전자 볼트이고, 마이크로파의 에너지는 100만분의1 전자볼트이 며, 적외선 광자의 에너지는 1,000분의1~10분의1 전자볼트 이다. 전자기 스펙트럼의 이 부분에서 전자기 방사선은 이 온화하지 않는다. 가시광선 광자의 에너지는 색상에 따라 2~4전자볼트이고, 자외선 광자의 에너지는 10~100전자볼 트이다. X선의 에너지는 1,000전자볼트이고, 스펙트럼의 가 장 높은 에너지 영역에 있는 감마선의 에너지는 약 100만 전자볼트에 달한다. X선과 감마선, 일부 자외선은 전리 방사 선의 범주에 포함된다. 그리고 핵에서 고속 입자의 형태로 방 출되는 에너지가 있는데, 이것의 에너지는 500만~1,000만 전자볼트로, 이는 말할 것도 없이 전리 방사선이다.

오후 3시 50분

◇◇◇◇◇◇◇

"잠깐만요."

회의실에 있는 누군가가 끼어든다.

"전자레인지는 마이크로파만 이용해서 음식을 빨리 조리하잖아요. 그렇다면 전자레인지를 쓰는 건 핵방사선하고는 아무 관련이 없는데 왜 음식을 '누킹nuking'(핵무기 공격이라는 뜻이 있음 – 옮긴이) 한다고들 말하죠?"

A는 끄덕이며 훌륭한 질문이라고 말한 다음에 이렇게 대답한다.

"전자레인지는 핵에서 방출되는 빠르게 움직이는 입자, 촛불이나 백열전구에서 나오는 반짝이는 빛을 비롯한 모든 에너지를 '복사'라고 말하는 과학자와 공학자가 개발했어요. 전자레인지에는 라디오 방송기기와 비슷한 전자기파를 이용하죠[24] 전자레인지에서 만든 마이크로파는 그 전기장과 음식 내 수분 같은 극성 분자가 상호작용을 해서 빠르게 왔다 갔다 움직이도록 유도해요. 이런 상호작용은 외부 자기장이 나침반 바늘로 하여금 특정한 방향을 가리키게 하는 것과 똑같아요. 마이크로파의 전기장은 초당 수십억 사이클의 진동수로 진동하고, 물 분자들은 그 속도로 뒤집어지면서 음식물에 회전 에너지를 전달해요. 마이크로파와 라디오파는 고체를 쉽게 뚫고 지나가기 때문에 (덕분에 사람은 건물 안에 있을 때도 라디오 방송이나 휴대폰 신호를 수신할 수 있다) 마이크로파는 음식물 내부로 침투하고 모든 지점이 동시에 가열되죠. 열기가 밖에서 시작해서 음식의 가운데로 확산되는 방식과는 달라요. 그래서 일반 오븐보다 요리 시간이 훨씬 짧죠. '음식을 누킹한다'와 같은 표현을 많이 쓰긴 하지만, 부엌에 있는 전자레인지는 핵물리학과는 아무 상관이 없어요."

A는 다른 질문이 있는지 물어본 뒤 프레젠테이션을 이어간다.

◇◇◇◇◇◇◇◇

일부 핵이 방사선을 방출하는 이유를 이해하려면, 에초에 이들이 함께 모여 있는 이유를 먼저 설명해야 한다. 모든 원자의 중심에는 여러 개의 양성자와 중성자가 아주 작은 크기로 압축된 구조의 핵이 있다. 모든 양성자는 양전하를 띠는 반면, 모든 중성자는 전하가 없다. 양전하를 띠는 양성자는 서로 밀어내서 핵이 형성되자마자 날아가 버리는 것이 당연하지만, 다행히도 핵 내부에서 작용하는 더욱 큰 힘이 이 모두를 붙잡아준다. 이 힘을 '강한 핵력'[25](줄여서 '강력'이라고도 함 — 옮긴이)이라고 하는데, 이는 양성자를 밀어내는 전기력보다 100배 정도 강하지만, 아주 짧은 거리(대략 중성자의 지름 정도)에서만 작용한다. 이는 다행이다. 강한 핵력의 작용 범위가 넓다면 이 정도로 격렬하게 당기는 힘은 모든 원자의 핵을 당겨서 양성자와 중성자로 이루어진 하나의 거대한 구 안으로 넣어버릴 것이기 때문이다. 따라서 강한 핵력이 지나치게 약하다면 모든 핵은 양성자의 반발력으로 인해 날아가 흩어질 것이고, 지나치게 강하다면 모든 핵은 한 덩어리로 뭉쳐질 것이다.

핵이 클수록(즉 핵에 양성자와 중성자가 많을수록) 양성자의 반발력과 강한 핵력을 통한 양성자와 중성자의 초단거리 인력이 균형을 이루게 하면서 그것을 하나로 압축시키기 힘들어진다. 실제로 많은 핵이 부분적으로든 전체적으로든 불안정한 상태이거나, 적어도 더욱 안정적인 배열 상태로 자리 잡고,* 그 결과 방사선을 배출한다. 이런 핵을 '방사성'이라고 한다.

일단 핵이 에너지가 낮은, 즉 안정적인 배열 상태로 바뀌면 일반적으로 방사성이 없어진다. 그런데 예를 들어 우라늄 1입방인치에 약 1조 곱하기 1조 개의 원자가 들어 있다면, 어느 순간 이 가운데 일부는 방사선을 방출할 것이다. 불안정한 특정 동위원소가 방사선을 방출하는 시기는 일정하지 않아서 즉시일 수도 있고 훨씬 나중일 수도 있다. '반감기'란, 물질의 모든 핵이 방사선의 절반을 방출할 때까지 걸

---

* 물리학에서 핵 안에 양성자와 중성자의 배열이 안정적이라고 하면, 처음 배열 상태보다 핵에너지가 낮아졌다는 뜻이다. 바위 하나는 언덕 꼭대기에서 영원히 균형을 잡고 있을 수 있지만, 그 배치는 언덕 맨 아래에 있을 때가 더욱 안정적이다. 핵이 에너지가 높은 압축 배열 상태에서 에너지가 낮은 안정적 상태로 바뀌면, 그 에너지 차이를 방사선의 형태로 방출한다.

리는 시간을 뜻한다. 일반적으로 핵이 소멸하는 속도가 빠를수록 반감기는 짧아진다. 그리고 그 물질은 모든 방사성 동위원소를 소모하는 시점이 더 일찍 오므로 방사선을 방출할 수 없게 된다.

핵 내부에 양자를 근접한 상태로 유시하려면 큰 에너지가 필요하므로, 불안정한 핵이 에너지가 낮은 상태로 진정되면 방사선 형태로 방출하는 에너지도 매우 크다. 불안정한 핵에서 방출하는 방사선의 형태로 유력한 것[26]은 양성자 두 개와 중성자 두 개가 단단하게 결합한 형태(알파 입자)나 고속 전자(베타 입자), 감마선 또는 X선 전자기파이다. 이런 명명법은 원자 내부의 원리를 제대로 파악하기 전이던 19세기 말의 발견으로 거슬러 올라간다. 양전하를 띤 알파 입자, 음전하를 띤 베타 입자, 감마선 중 하나가 다른 물질에 부딪혔을 때 소량의 운동에너지를 잃거나 대상 원자에서 전자를 일부 방출하고, 계속 빠른 속도로 움직이며 다음에 마주치는 원자를 이온화할 준비를 하기는 아주 쉽다. 이것만으로는 대단한 일이 아니다. 전자 하나가 분자에서 빠져나가면 그 분자는 전지에 있는 미주 전자stray electron(전자관 내부에서 정규적인 통로 밖으로 튀어나온 전자 – 옮긴이)를 붙잡아서 그 전하 중립성을 회복할 수 있다(일부 터치스크린 화면에서는 사람 손가락이 전기를 아주 잘 전도한다는 점을 이용한다). 하지만 같은 분자에 있는 두 원자가 동시에 이온화되면 가까이 있는 이 양전하 사이의 강한 반발력이 분자를 찢어지게 해서 심한 손상을 입힐 수도 있다. 물론 분자는 작은 표적이므로 상당한 손상을 입히려면 광범위한 방사선 노출이 필요하다. 단일 감마선 광자나 알파 입자는 고체에 있는 원자 수백 개를, 베타 입자는 수천 개를 이온화할 것이다. 보안검색대의 폭발물 탐지기 가운데 일부는 베타 입자를 방출하는 니켈의 한 형태를 사용하지만, 다른 일부 탐지기는 알파 입자를 방출하고 이온 이동도 분광기에서 검사할 분자를 이온화하기 위해 무거운 원자인 아메리슘을 사용한다.

화학에서 이온을 가리키는 다른 말로 '유리기free radical'가 있다. 유리기는 화학 반응만을 통해서, 또는 높은 에너지로 충전된 입자나 감마선이 분자에 충격을 가할 때와 같은 물리적 상호작용을 통해 생성될 수 있다. 이온은 세포 안에서 자연스럽게 발생하는 반면, 농도가 지나치게 높으면 유전자 손상을 유발한다. 이는 복잡한 일련의 과정을 거쳐 악성 종양을 생성할 수도 있다. 전리 방사선에 심하게 노출되면 암에 걸릴 수 있는 것은 세포에서의 유리기 즉 이온 생성 때문이다.

물론 시장에서 파는 고기나 채소의 경우처럼, 세포들이 이미 죽어 있다면 방사선에 노출되어도 더 심한 손상을 입지는 않을 것이다. 그리고 방사선은 음식물에 서식하는 세균을 죽일 수 있다. 살모넬라 식중독이라든가 기타 질병의 원인이 되는 세균을 제거하는 한 가지 방법[27]은, 음식물을 전리 방사선(감마선이나 X선, 베타 입자)에 노출시키는 것이다. 이는 원하지 않는 세균을 죽인다는 점에서 음식을 조리하는 것과 결과는 같다. 단, 음식물을 가열할 필요가 없다. 전리 방사선이 세포에 입힌 손상은 불안정한 방사성 핵을 새로 생성하지는 않으므로 방사선에 노출된 음식물 자체가 방사능이 있는 것은 아니다.[28] 방사능이 있다는 말과 방사선에 노출되었다는 말을 혼동하는 것은 유감스럽다. '방사능이 있다'와 '방사선'이라는 용어가 민감한 반응을 일으키다 보니, 많은 사람이 핵붕괴와 관련된 모든 과정을 피하려고만 한다. 질병과 죽음을 예방할 수 있는 기회를 놓치면서까지 말이다.

오후 5시

◇◇◇◇◇◇◇◇

프레젠테이션이 성공적으로 끝난 뒤 고객사의 사장을 포함한 몇몇 임직원이 A에게 다가와 매우 유익한 프레젠테이션이었다며 고맙다고 말한다. A와 주최자가 제공해준 슬라이드 복사본도 큰 도움이 되었다고 하면서 감사한 마음을 표현한다. 그리고 방사선에 관해 쉽게 이해가 되도록 A가 설명을 잘해준 점에 감탄한다. A가 대학생 때 수강했던 물리학 수업이 쓸모가 있었다.

◇◇◇◇◇◇◇◇

제 7 장

호텔

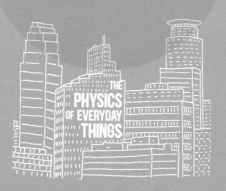

THE
PHYSICS
OF EVERYDAY
THINGS

오후 7시 50분

◇◇◇◇◇◇◇◇

프레젠테이션을 마친 후 A는 사무실 직원들을 만나 질문에 자세히 답변해준다. A는 이들과 함께 주변의 고급 식당으로 저녁 식사를 하러 간다. A는 식사에 나온 와인이 특히 마음에 든다. 식사를 마친 뒤 직원들은 호텔까지 A를 바래다준다. A는 프레젠테이션에 너무 집중한 나머지 아픈 발목을 잠시 잊고 있었는데, 그제야 찌릿한 통증이 느껴진다. A는 바빴던 하루를 마무리하고 일찍 잠자리에 들고 싶다. 호텔 프론트 직원에게 신용카드와 운전면허증을 제시하자 그는 숙박부를 내밀며 서명을 부탁하고는 방 열쇠를 내준다. A는 **건강관리 스마트밴드**를 흘낏 보고는 오늘 하루 동안 비행기와 전철, 자동차에서 보낸 시간이 많은데도 하루 걷기 목표치를 달성했다는 사실을 알게 된다. A는 엘리베이터를 타고 마침내 숙소로 간다.

◇◇◇◇◇◇◇◇

사람이 한 걸음 걸으면 1차원(일직선으로 움직일 때)이나 2차원(모퉁이를 돌 때), 3차원(나선형 계단을 올라가거나 내려갈 때)으로 움직인다. 모든 걸음에는 운동의 시작과 멈춤이 포함되고, 속도의 모든 변화(속도가 변하는 비율로 정의된다)는 가속을 특징으로 한다. 사람의 걸음을 추적하는 건강관리 기기는 3차원으로 가속의 사소한 변화를 측정하고, 이 변화가 사전에 설정된 특정한 임계점을 넘어서면 한 걸음을 걸었다고 기록하고, 누계에 더한다.

일정한 속도로 꾸준히 걸을 때도 사람은 끊임없이 가속한다. 발이 땅을 누르면서 가하는 힘에 땅이 반작용하여 사람을 밀어낸다. 처음에는 정지된 위치에서 땅 위로 올라간 사람의 발은 그가 이동하려는 방향으로 움직인다. 걸음이 끝날 때 땅으로 되돌아온 발은 다시 한번 속도가 0이 되고, 다음 걸음을 내디딜 준비가 된 상태다. 뉴턴의 제2법칙에서 힘은 물체의 질량 곱하기 가속과 같다는 수식으로 표현된다. 따라서 운동의 변화 즉 속도 증가나 감소 같은 변속이든 아니면 방향 전환이든 힘의 작용이 필요하다. 더구나 각 방향으로 가속하기 위해서는 반드시 힘이 있어야 한다. 건강관리 기기는 사람의 걸음에 의한 속도 변화를 조화 진동자harmonic oscillator의 특성을 활용하는 가속도계를 이용해서 측정한다.[1]

앞에서 A의 하루가 시작될 때, 알람시계와 디지털 타이머를 언급하면서 용수철에 달린 진동하는 물체와 진자추가 왔다 갔다 하며 흔들리는 동작의 관점에서 설명했다. 이 진동자에는 그 특성(질량이 얼마나 되는지, 용수철의 경직도는 어느 정도인지, 진자의 끈 길이는 얼마인지 등등)에 의해 결정되는 고유 진동수가 있었다. 하지만 불시에 잠깐 힘을 가해도 진동 주파수가 급격하게 변할 수 있다. 놀이터 그네에 탄 사람을 밀어본 적이 있다면 누구든 이를 설명할 수 있다. 건강관리 스마트밴드에서는 진자나 코일 스프링 끝에 매단 물체를 초소형 다이빙 보드 즉 아주 작은 외팔보cantilever(한쪽 끝은 고정되고 다른 쪽 끝은 자유로운 들보 - 옮긴이)로 대신한다. 이 초소형 판자는 길이가 500미크론, 두께가 50미크론이다. 참고로 사람 머리카락의 평균 지름은 100미크론 이하이다. 갑작스러운 움직임은 초소형 판자가 휘어지는 형태로 나타난다.

외팔보가 외부의 힘에 반응하여 오르내리며 움직임에 따라 그 물리적 편향이 측정되어 초소형 판의 위와 아래에 있는 축전기 판들을 통해 전기 신호로 전환된다. 초소형 판의 윗면과 아랫면에는 금속판이 있고, 그 위와 아래로는 다른 단단한 금속판이 있어서 초소형 판은 개별 축전기 두 개의 절반인 셈이다. 초소형 판이 아래로 움직이면 아래쪽 판의 간격이 줄어들어서 전기 용량이 증가하는 동시에 위쪽 판 사이의 간격이 넓어지면서 그에 해당하는 만큼 전기 용량이 감소한다. 판에 있는 전하량이 정해진 경우에 축전기 전체의 전압은 판이 분리된 정도에 매우 민감해서, 초소형 판의 위치가 적혈구 하나 크기만큼만 바뀌어도 그 변화가 감지될 수 있다. 판의 위와 아래에 있는 절연 범퍼는 판이 크게 덜컥거리는 경우 금속판과 충돌하는 것을 막아준다. 직각 방향으로 놓인 이런 3개의 가속계가 사람의 3차원 운동을 측정한다. 마이크로 머시닝과 반도체 프로세싱 기술의 발전 덕분에 하나의 실리콘 칩에 가속계들을 조립하는 것이 가능해졌다. 이 칩은 마이크로 회로에 직접 넣을 수 있다.* 이것의 대안으로, 판의 끝을 탐지기와 직접 접촉하게 해서(또는 큰 기기에서는 용수철에 추를 달아서) 변위를 측정할 수 있다. 이 경우에는 힘이 클수록 그 힘이 탐지기를 세게 눌러주는데, 여기에서는 압전 재료나 압전 저항형 결정(압박받으면 전기 저항이 바뀌는 물질)이 탐지기가 될 수 있다.

가속계의 출력 신호는 센서의 운동에 반응하여 시간에 따라 오르내리는 전압이다. 시간에 따라 변하는 이런 전압이 걸음의 수로 전환되는 과정은 컴퓨터 알고리즘을 통해 신호를 처리하는 것과 관련이 있다. 이 알고리즘은 대체로 건강관리 기기를 판매하는 기업체의 비밀이다. 건강관리 기기는 이 프로토콜을 사용해서 걸음 수, 소모 열량, 맥박 수를 계산한다. 다만 맥박 수는 발광 다이오드를 사용해서 별도로 측정해야 한다.

---

* 이런 기기를 초소형 전자기기 시스템Micro-Electrical Mechanical System 즉 MEMS라고 한다.

맥박을 기록하기 위해[2] 스마트밴드는 LED에서 나온 빛을 손목에 비추고 광 검출기(조명에 저항성이 민감한 반도체)를 사용해서 빛이 얼마나 반사되었는지 판단한다. 이때 서로 다른 파장의 빛이 사용되는데, 이들은 피부 속으로 파고드는 깊이가 다르다. 흩어져서 검출기로 되돌아오는 빛은 피부 아래 물질의 변화에 따라 바뀔 것이다. 예를 들어 혈관의 주기적인 혈액 흐름에 맞추어 빛이 변한다. 광 검출기 전압과 가속계 전압의 상관관계를 알아보는 일은 이 측정에서 생기는 잡음의 (전부는 아니지만) 일부를 교정하는 데 도움을 준다. 혈관이 아닌 다른 것(가령 뼈, 힘줄, 손목 문신)도 빛을 흩어지게 해서 원하는 정보를 알기 어렵게 한다. 이런 맥박 확인 장치가 위치하기에 훨씬 좋은 곳은 손가락 끝이나 귓불이다. 이런 곳에는 피부가 얇고 방해 요소가 거의 없으므로, A가 병원에 갔을 때 거기에서 스마트밴드와 똑같은 물리적 원리를 활용했던 집게를 A의 손가락에 집고 맥박을 잰 것이다.

기계에 의한 운동을 디지털 전자 신호로 전환하는 데는 많은 첨단 기술이 들어간다. 그것은 사람에겐 작은 한걸음에 불과할 수 있지만, 과학에는 위대한 도약이다.

오후 8시

A는 엘리베이터가 갑자기 속도를 늦추는 바람에 살짝 떠밀린 기분으로 숙소가 있는 층에 도착한다. 기다란 복도에는 천장 전등이 꺼져 있어서 방 번호를 읽기가 어렵다. 하지만 조금 걸어가다 보니 **동작센서**가 A의 움직임을 감지해서 전등을 켜준다.

대부분의 동작센서의 원리는, 사람 몸에서 나오는 빛을 감지해서 이 전자기적 방사선을 전기 신호로 변환해주는 야간 투시경과 같다. 사람 몸에서 방사선이 방출되는 이유는 A가 오늘 아침 베이글을 준비할 때 토스터 전선이 빨갛게 빛나던 이유와 같다. 변화하는 전류가 변화하는 자기장을 만드는 현상에 변화하는 자기장이 전류를 유도하는 현상이 합쳐진 것이다. 동작센서는 반도체 탐지기를 사용해서 적외선을 감지한다.[3] 물리적 원리는 초음파 스캐너와 비슷하다.

우선 적외선 방사선의 광원을 생각해보자. 그 광원은 바로 사람이다. 사람은 끊임없이 운동하는 원자로 이루어져 있다. 여기서는 혈류나 어떤 대규모 이동이 아닌, 그저 사람 세포의 각 원자가 분자 내에서 진동하는 현상을 말한다.

수소·질소·산소·탄소의 원자 고리로 구성된 유기분자를

생각해보자. 은하계의 다른 장소로부터 고립된 채 우주를 떠다니는 이 분자는 결국 에너지가 가장 낮은 배열 상태가 되어 양자역학 효과로 인한 약간의 떨림을 제외하면* 움직이지 않을 것이다. 동일한 분자가 뜨거운 물을 담은 냄비에 있게 되면, 운동에너지가 강한 물 분자는 유기분자에 계속 충돌해서 물 분자 운동에너지의 일부를 유기분자로 이전한다. 결국 유기분자의 에너지는 그것을 둘러싼 물 분자의 평균 에너지와 같아져서 에너지 이전은 중단된다. 하지만 유기분자는 에너지가 높은 상태가 되고, 이 에너지는 분자를 구성하는 원자에 확산된다. 각각의 원자는 이제 운동에너지를 나누어 가지지만, 그것을 제자리에 붙잡아두는 화학결합으로 인해 분자에서 빠져나가지 못하게 된다. 이 운동에너지는 분자에 있는 원자가 자기 자리 주위에서 진동하는 모습으로 나타나고, 이때 전자도 흔들린다.

이 경우에 유기분자는 사람 몸에 있는 모든 분자를, 뜨거운 물이 든 냄비는 사람 몸을 대신한다. 사람이 먹는 음식에

---

* 절대온도가 0인 상황에서도 하이젠베르크의 불확정성 원리에 따라 '0점 운동'이라는 원자의 떨림 현상이 있다. 이는 흥미로운 효과지만, 동작센서 작동과는 아무 관련이 없으므로 이 설명은 잊어버리는 편이 낫다.

는 축적된 화학적 위치에너지가 있는 분자가 들어 있는데, 이 에너지는 일련의 화학반응을 통해 다른 분자의 과잉 운동에너지로 전환되고, 이는 사람 몸 안에 모든 화학적·생물학적 과정을 활성화하는 데 사용된다. 보통 하루에 섭취하는 에너지의 대략 절반이 대활동[4](걷기, 달리기, 아침 식사 만들기, 공항에서 보안검색대 통과하기 등등)으로 소모되고, 나머지 절반은 사람이 가만히 있어도 계속되어야 하는 생명 유지(심장 뛰기, 폐로 숨쉬기, 체온 유지하기) 활동에 소모된다. 온도는 물체 원자의 평균 에너지를 나타내므로. 독자들이 이 책을 읽는 이 순간에 각자의 모든 몸 속 원자는 섭씨 37도라는 온도로 표현되는 평균 운동에너지로 진동하고 있다. 그리고 진동하는 전자는 전자기 스펙트럼의 적외선 영역에서 빛을 방출한다. 타고난 체온 덕분에 사람은 모두 100와트짜리 적외선 전등을 켜고 있는 셈이다.

건물 복도에 설치된 동작센서는 열을 전압으로 변환해주는 초전 검출기pyroelectric detector[5]라는 반도체 기기를 사용해서 사람 몸에서 나오는 적외선을 감지한다. 이 효과는 컴퓨터 칩의 타이밍 유지와 초음파 스캔에서 중요한 역할을 하는 압전기와 비슷하다. 압전기의 경우에는, 결정체의 중압 변화가 격자 구조를 전기적으로 양극화하고, 그 결과 물질 전체에 (전압과 같은) 실질적인 전기장이 만들어진다. 초전 물질에서는 열 흡수로 인해 탐지기의 결정 구조에 있는 원자가 더욱 빠르게 진동하고, 화학결합의 부조화 효과와 고체 원자의 고유 배열 때문에 격자에 왜곡이 발생해서 전기적 양극화가 실질적으로 이루어짐에 따라 전압이 발생한다.

이런 작용은 결정체가 불에 가까이 있지 않아도 일어난다. 결정체는 (사람 몸과 같은) 열원에서 나오는 적외선이 가까이 있을 때 전압을 생성한다. 대부분 복도와 방 온도는 섭씨 21도 정도로 유지되므로, 사람 피부의 온도는 주위보다 16도 정도 높다. 따라서 사람에게서 나오는 적외선의 에너지는 주변보다 높다.* 하지만 여름에 에어컨이 없어서 복도 온도가 올라간다면 어떻게 될까? 대부분 동작센서에서는 거꾸로 연결한 두 개의 탐지기를 이용한다. 다시 말해, 하나의 탐지기에서 열 흡수로 생겨난 한방향 전류를 만들어내는 양의 전압차가 두 번째 탐지기의 음의 전압차와 연결되어 반대 방향 전류를 만들어낸다. 따라서 복도 온도가 올라가면서

---

* 야간투시경도 같은 원리다. 주변 환경과 비교했을 때 사람은 적외선으로 빛나는 광원이 된다. 햇빛이 없어서 평균 온도가 떨어지는 밤에는 더욱 그렇다. 따라서 광전도성 반도체가 이 적외선을 전압으로 변환해준다.

더해지는 열이 일정하다면, 센서에서 전송하는 실질적인 신호는 없을 것이다. 반면에 사람은 영역이 크게 제한된 열원이고, 대부분 센서는 감지된 열 신호 수준에 변화가 있을 때만 전압을 내보내어 불을 켜는 회로의 일부분이다. 사람이 복도를 걸어가는 경우가 이에 해당한다.

이런 동작센서는 사람의 몸과 같은 외부 적외선만을 감지하므로 '수동적'이라고 한다. 이런 방식은 전력 사용이 적다. 마이크로파를 내보내 탐지기로 메아리쳐 돌아오는 신호의 변화를 탐색하는 '능동적' 동작센서도 있다.[6] 물체가 탐지기를 향해서, 혹은 탐지기에서 멀어지며 움직일 때 반사된 빛의 파장에는 약간의 변화가 있다.* 특정한 주거용 보안 시스템에서 사용하는 더욱 정교한 동작센서는 적외선 감지 방식과 능동적 마이크로파 전송 방식을 모두 활용한다. 이런 시스템은 움직이는 물체가 정해진 질량 한계치보다 작으면 작동하지 않는 단순한 컴퓨터 칩을 사용해서 애완동물로 인한 허위 반응을 막는다.

---

* 이것이 '도플러 효과'로, 야구공의 속도, 질주하는 자동차의 속도, 다가오는 태풍 전선의 속도를 측정하는 데 사용한다.

오후 8시 10분

◇◇◇◇◇◇◇◇

A는 문 앞에서 카드키를 삽입하는 곳을 찾는다. 안내데스크에서 받은 NFC(Near Field Communication) 카드를 문손잡이 밑에 있는 원형 패드에 대보지만, 작은 LED가 반짝거리며 문 열기를 거부한다. A는 다시 한번 해보지만, 이번에도 마찬가지다. 1층까지 한참 되돌아가서 카드를 다시 받아와야 한다는 생각에 짜증이 밀려오지만, 방 번호를 다시 확인해보고 실수로 다른 방에 왔다는 것을 깨닫는 순간 마음이 가라앉는다. 복도를 따라 방 두 개를 지나치니 마침내 A의 방이 나온다. NFC 카드를 대자 초록색 LED 등이 켜진다. 문의 잠금장치에서 빗장이 풀리는 소리가 들리고, A는 이제 방에 들어갈 수 있다.

◇◇◇◇◇◇◇◇

거의 모든 호텔에서 쇠붙이 열쇠를 대체한 NFC 카드의 원리는 기본적으로 대부분의 도시 대중교통 시스템에서 사용하는 교통카드와 더불어, 크기를 신용카드 정도로 줄인 하이패스 시스템과 같다.

A가 하루를 보내는 동안 우리는 수동적인 카드 출입 시스템의 기본 원리[7]를 앞에서 여러 번 만나보았다. 시작은 전동 칫솔 충전이었다. 하나의 코일에 있는 교류 전류가 진동하는 자기장을 만들어내고, 이 자기장은 두 번째 전선 고리를 통과해서 두 번째 코일에 교류 전류를 유도한다. 이 경우

에는 호텔 문손잡이 조립품 안에 코일 하나가 카드키 판독기에 있는데, 이 코일은 전원에 연결되어 있다. 문이나 전철역 회전식 개찰구에 있는 이런 판독기의 모양이 부풀려진 원형이나 큰 정사각형이라는 점을 사람들이 관심을 가지고 본 적이 있을까? 이런 모양은 라디오 안테나처럼 작동하는 큰 코일을 보관하기에 좋다. 두 번째 코일은 카드키 내에 카드의 둘레를 따라 이어져 있다. 이 코일은 카드키 안의 축전기와 함께 방송국 하나에만 주파수를 맞춘 라디오 수신 안테나 역할을 한다. 그 라디오 주파수는 문에 있는 카드 판독기에서 송신된다. 문에 있는 송신기는 저주파 라디오 신호를 내보내서 카드키의 고리에 전류를 유도한다. 그러면 이 전류는 카드키에 내장된 초소형 컴퓨터 칩에 전력을 공급한다.

이 칩이 카드에 있는 코일에 디지털 부호를 보내면, 그것이 문에 있는 코일에 메시지를 전송한다. 이는 하이패스 시스템과 정말 비슷하다.* 다만 수신기와 탐지기가 톨게이트처럼 수십 미터가 아닌 몇 센티미터 거리 내에 있어야 한다.

---

* 일부 시스템은 자동차 원격 출입 시스템의 기능을 공유한다. 카드에서 전송하는 디지털 암호는 알고리즘으로 만들어져서 카드가 사용될 때 암호가 업데이트되는 기능이다. 이는 이전 객실 이용자의 숙박 기간이 끝난 후에 그 카드키가 작동하는 것을 방지한다.

이 디지털 부호를 받자마자 카드키 판독기의 칩은 (기본적으로 전자석과 동일한) 솔레노이드solenoid(긴 통 위에 도체를 고르게 감은 코일 – 옮긴이)에 전기 신호를 보낸다. 이 전자석이 문의 걸쇠를 당겨서 열어내는 힘을 생성함으로써 손님이 방 안으로 들어갈 수 있게 해준다.

문에 있는 카드키 판독기는 크기가 커서 회로를 추가할 수 있는 공간이 더욱 많다. 카드키 판독기는, 카드키와 달리 다수의 암호를 인식하도록 프로그램되어 있다. 이는 모든 호텔 객실에 출입하느라 수백 개의 카드키를 들고 다니고 싶지 않을 시설 관리인에게 편리하다. 카드키의 디지털 암호에는 타이머가 설정되어 있다. 고객의 숙박기간이 끝나면(혹은 교통 환승 시스템에서 사용하는 NFC 카드의 경우 고객 계좌에 잔액이 없을 때**), 판독기에 있는 암호가 바뀌어서 이후 그 고객의 카드키로는 출입이 허용되지 않는다.

이 수동적 NFC 카드는 카드의 코일 안테나에 라디오파 신호를 전송해주는 카드 판독기에 아주 가까이 대야 한다.

** 많은 도시에서는 여전히 교통카드에 붙인 자기 테이프로 정보를 암호화하는데, 이런 카드를 판독하려면 기계에 긁어야 한다. 여기에는 신용카드 판독기와 동일한 물리적 원리가 적용된다.

능동적 NFC 카드[8]는 그 일련번호와 디지털 암호를 먼 거리까지 전송할 수 있으므로 통행료 자동 납부나 보안 문 개방에 사용된다. 능동적 NFC 카드에는 에너지가 더욱 많이 필요하므로 전력 공급원으로 얇은 리튬 전지를 사용하는 경우가 많다. 이 때문에 능동적 NFC 카드는 명함보다 두껍다.

오후 9시

◇◇◇◇◇◇◇

A가 가방을 금세 정리하고, 샤워를 짧게 한 뒤 호텔에서 제공하는 푹신한 목욕가운을 입는다. 그리고 태블릿 PC로 호텔의 와이파이에 접속한다. 이메일을 확인한 후 침대 옆 탁자에 있는 **리모컨**을 집어서 벽에 걸린 텔레비전을 켠다.

◇◇◇◇◇◇◇

리모컨을 이용하기 위해서는[9] 리모컨 자체에 적외선을 쏘는 발광 다이오드가, 그리고 TV에는 적외선을 비추면 전기 저항이 급격하게 변하는 반도체가 있어야 한다. 적외선 LED는 스펙트럼의 가시광선 영역에서 빛을 방출하는 LED보다 훨씬 만들기 쉽고, 제작비용도 저렴하다. 마찬가지로 흔하게 사용하는 반도체는 대부분 강력한 적외선 흡수 특성이 있어서 편리하다. LED는 특정한 한 가지 파장의 적외선을 방출하도록 설계되어 있고, TV에 있는 필터는 그 파장의 적외선만 통과시킨다(이는 내 몸에서 방출되는 적외선 때문에 저절로 채널이 바뀔까 싶어 걱정하지 않아도 된다는 뜻이다).

리모컨 버튼을 누르면, 그 아래에 있는 인쇄 회로의 스위치를 닫는 효과가 있다. 인쇄 회로에서는 얇은 절연보드 한쪽 면에 다양한 금속선이 인쇄되어 있다. 리모컨에 있는 고무 버튼에는 아래쪽 면에 금속 디스크가 있어서, 사람이 버튼을 누르면 금속 디스크가 인쇄 회로 기판을 건드리며 연결을 닫는다. 이로 인해 적절한 전류가 적외선 LED에 흐르게 된다. 그다음에는 적외선이 켜졌다 꺼졌다 반짝이며 TV에 부호화한 정보를 보낸다.

TV의 반도체는 이 신호를 감지한다. 이 반도체는 어둠 속에서 저항이 매우 크고, 빛을 흡수하면 저항이 아주 작아진다. 어둠 속에서는 저항이 너무 커서 반도체에 전류가 흐르지 못한다. 반도체가 회로에서 결정적인 위치에 놓이면, 마치 스위치 하나가 계속 열려 있는 상태와도 같다. TV의 탐지기에 적외선이 비치면, 전자는 에너지가 낮고 채워진 아래쪽 띠에서 에너지가 높고 비어 있는 위쪽 띠로 올라간다. 스위치가 닫혀서 회로가 완성되듯이 이제 전류가 많이 흐를 수 있게 된다. 켜졌다 꺼졌다 하는 불빛은 TV에 있는 스위치를 여닫는 효과가 있고, 흘렀다 끊겼다 하는 전류는 TV의 컴퓨터 칩에 정보를 전달한다. 이 칩은 전류 속에 부호화된 메시지를 해석하고, 요청된 신호를 텔레비전 회로의 다른 부분으로 전송하여 채널을 바꿔주거나 음량을 조절해주는 식으로 반응한다.

양자역학으로 인한 놀라운 결과는 바로 고체의 띠 구조

다.[10] 이는 에너지가 낮은 채워진 1층 객석과 에너지가 높은 빈 발코니석으로 비유한 것과 같다. 원소나 분자가 다르면 거기에 있는 에너지 공간도 다르다. 양자역학에서는 원자에 있는 전자에 아주 구체적인 에너지 값이 있으며, 전자가 있는 최종 허용된 에너지 상태와 비어 있는 최초 가능한 에너지 값에 틈이 있다고 한다. 많은 원자가 모이면 이런 에너지 상태가 띠로 확장된다. 반도체와 절연체에서는 낮은 에너지의 띠는 꽉 차 있고, 최초 위층 에너지 띠는 빈 반면, 금속에서는 낮은 에너지 띠의 일부만 채워져 있다(이 때문에 금속에 있는 전자는 발코니 상태로 움직이지 않고도 전류를 전달할 수 있다). 1층 객석과 발코니석의 틈을 이어줄 에너지를 충분히 가지지 못한 빛은 흡수될 수 없으므로 마치 존재하지 않는 것처럼 물질을 뚫고 지나가 버린다. 이런 차이는 물질의 양자적 특성을 직접 나타내준다.

적외선은 대부분의 분자에 쉽게 흡수되어 운동에너지로 전환되므로 열과 연관된다. 사실은 분자가 적외선을 흡수하는 양자역학적 특성 덕분에 사람들은 분자에 관해 많은 것을 알게 되었다.[11] 고체에서 허용된 에너지 상태가 꽉 찬 띠와 빈 띠로 분할하는 현상은 분자 내부에 존재한다. 가령 수소 원자 두 개가 결합해서 수소 분자(H_2)를 형성한 경우처럼 아주 단순한 분자를 생각해보자. H_2 분자는 한곳에서 다른 곳으로 이동할 수 있고, 그것은 자유로운 공간에 있으므로, 양자역학적으로는 그 에너지에 제약이 가해지지 않는다. 하지만 그것은 다른 방식으로 움직일 수도 있다. 수소 분자는 수소 원자 두 개를 잇는 선을 따라 왔다 갔다 하며 진동할 수 있는데, 이 진동 에너지는 특정 값을 취한다. 또한 수소 원자의 가운데 지점을 통과하는 축 주위를 회전할 수 있다. 이 경우에도 회전 에너지는 특정 값만 취할 수 있다. 회전과 진동의 이런 에너지 간격은 스펙트럼의 적외선 영역에 있고, 수소 분자는 이런 전환 중 하나를 유도하는 데 정확하게 일치하는 에너지가 있을 때만 적외선을 흡수할 것이다. 서로 다른 분자는 회전-진동 에너지 간격도 달라서, 실제로 각각의 분자에는 고유한 '적외선 스펙트럼 지문'이 있다. 물리화학자와 법의학자가 알 수 없는 물체의 화학 구성을 판단하기 위해 사용하는 가장 강력한 도구 중 하나는, 그것의 적외선 스펙트럼을 측정한 뒤에 잘 알려진 분자의 스펙트럼과 비교하는 것이다.

창유리에 있는 이산화규소 분자도 그것의 자리 주위에서 진동할 수 있고, 이런 진동은 적외선의 흡수를 유도한다. 사람이 유리를 통해 사물을 볼 수 있는 이유는, 그것이 가시광선을 투과시키기 때문만이 아니라 유리를 뚫고 갈 수 있는 유일한 빛이 가시광선이기 때문이기도 하다. 가시광선 스펙트럼에서 보라색 끝부분보다도 에너지가 많은 자외선은 1층 객석 띠와 발코니 띠 사이의 전환을 유도할 것이다. 유리가 자외선을 흡수할 것이라는 의미다. 따라서 TV와 리모컨 사이에 유리를 한 장 놓으면 TV는 리모컨 신호를 수신할 수 없게 된다.*

---

* 주기율표에서 탄소가 규소(즉 실리콘) 바로 위에 있다는 점에 유의하자. 이산화탄소도 이산화규소와 화학적으로 유사해서 가시광선은 막지 않고 통과시키는 반면 적외선은 흡수한다. 이 때문에 이산화탄소를 온실가스라고 한다.[12] 낮 동안에 가시광선은 지구 표면에 부딪혀서 지표를 데운다. 밤이 되면 지구는 적외선을 방출해서 온도를 낮춘다. 하지만 빛이 대기에 있는 이산화탄소(와 다른 기체)에 흡수되면, 일부 에너지가 지구 표면으로 다시 방출되므로 태양이 뜨지 않은 상태에서도 지표면이 따뜻한 상태로 유지된다.

오후 9시 30분

◇◇◇◇◇◇◇◇

지역 뉴스를 보려고 채널을 바꾸던 A는 환하고 선명한 영상에 놀란다. **평면 패널 TV**를 자세히 살펴보자 2센티미터 정도밖에 되지 않는다는 사실을 알고 더욱 감탄한다. A의 집에 있는 LCD TV는 그보다 훨씬 두껍다. A의 눈에 TV 앞면에 붙어 있는 OLED라는 상표가 들어온다. A는 OLED란 회사는 처음 들어본다.

◇◇◇◇◇◇◇◇

덩치 큰 브라운관 TV가 평면 패널 TV로 전환되는 과정에는 진공관이 고체 상태의 트랜지스터로 대체되는 것과 관련이 있다. 그와 마찬가지로 OLED TV(OLED는 제조업체 이름이 아니라 화면의 종류를 나타낸다)라는 새로운 제품은 기술 혁신을 불러왔다. OLED TV에서는 트랜지스터, 광원, 액정 화면(LCD)을 유기분자로 구성된 아주 얇은 발광 다이오드가 대신한다. OLED는 실크 스크린 기술을 이용해서 겉면에 바를 수 있다.[13] OLED는 LCD 기반 TV보다 전력을 적게 사용하고 화면 반응 시간이 빠르다.

LCD TV를 만들려면, 앞서 언급했던 LCD 프로젝터와 마찬가지로, 광원(냉음극 형광등과 반도체 기반의 발광 다이오드 중 하나), 다수의 액정 픽셀, 케이블이나 안테나에서 전송된 신호를 처리하기 위한 박막 트랜지스터가 필요하다. 그리고 깔유리 전체에 전기장을 가할지 결정해야 한다. 이렇게 배치하면 전체 두께는 2~3밀리미터가 된다. 하지만 OLED 화면은 LCD 시스템 두께의 10분의1에 불과한 유일한 발광 다이오드로, 이런 모든 조건을 만족한다.

평범한 LED에서는 다양한 화학적 불순물이 반도체에 추가된다. 이 불순물은 발코니석에 여분의 전자를 더해주거나, 다 채워진 1층 객석의 전자를 제거하므로 사실상 아래쪽 띠에 양공을 더해준다. 그다음 이 두 가지 물질은 서로 포개져 합쳐진다. 한쪽에는 전자가, 다른 쪽에는 양공이 있는 두 개의 반도체층에 전류를 흘려보내면, 두 층 사이에 이들이 만나는 접점에서 발코니석의 전자는 1층 객석에 있는 양공으로 떨어져 내려오면서 광자를 방출한다. OLED도 이와 똑같은 방식으로 작동한다. 다만 전자를 운반하는 쪽에는 하나의 유기분자가 사용되고, 양공을 이동시키는 쪽에는 다른 유기분자가 사용된다. 서로 다른 이 두 분자는 세 번째 유기분자로 이루어진 또 하나의 층에 의해 분리된다. 이 층은 전자와 양공이 재결합하는 영역이 되어 빛이 방출된다. 이 세 번째 분자의 화학 구성을 변화시켜 방출되는 빛의 색상을 바꿀 수 있고, OLED는 붉은색이나 초록색, 파란색으로 빛날 수 있다. 이 빛들을 합치면 흰색으로 만들 수도 있다.

LCD TV 화면에서는 유리판을 가로지르는 전기장에 따라 액정은 항상 켜져 있는 광원에서 오는 빛을 막거나 통과시킬 것이다. 그러면 색상 필터가 그 빛을 붉은색이나 초록색, 파란색으로 바꿔주고, 이 색들이 합쳐져서 색상 이미지가 화면에 나올 수 있다. OLED 기반의 TV에서는 이런 요소(박막 무정형 실리콘 트랜지스터를 제외하고*)를 OLED가 대신한다. OLED는 자체에서 빛을 방출하기 때문에 광원 역할을 하는 결정성 반도체 LED가 필요 없다. 세 가지 기본 색상에 맞게 여러 OLED가 사용될 수 있으므로 색상 필터도 필요하지 않다.** 빛을 막기 위한 덩치 큰 깔유리와 액정도 필요 없다. 픽셀이 어두워야 할 때는 OLED에 의해 전류가 막힌다. 이런 방식으로 OLED 화면의 검은 픽셀이 진짜 검은색이 되고, 그 결과 나오는 이미지의 대비는 훨씬 날카로워진다. OLED를 관통하는 전류가 많을수록 광자가 많이 방출되

---

* 여러 개의 트랜지스터가 대형 화면 평면 패널 TV의 넓은 영역을 담당해야 하므로 무정형 반도체를 사용한다.

** 기술적·경제적인 이유 때문에 일부 OLED 화면은 붉은색과 초록색과 파란색 OLED를 합쳐서 흰색 빛을 만든 다음, 이것을 필터에 통과시켜서 붉은색·초록색·파란색·흰색 픽셀 중 하나를 만들어낸다. 이런 식으로 하면 제조 과정에서 이익이 생기지만, 붉은색·초록색·파란색 OLED를 직접 사용하는 것도 어렵지 않다.

고 이미지가 밝아진다. OLED는 발광 다이오드와 액정 화면의 조합보다 작동에 필요한 에너지가 훨씬 적으므로 배터리 전력에 의존하는 스마트폰, 태블릿 PC, 건강관리 스마트밴드에 인기가 아주 많다. OLED가 꺼졌다 켜졌다 하는 속도는 액정 픽셀이 휘었다 풀렸다 하는 속도보다 수백 배나 빨라서 OLED 화면은 LCD의 약점인 잔상을 방지할 수 있다. OLED 픽셀은 적혈구의 지름보다도 작은데, LCD 픽셀이 OLED와 유사한 성능을 발휘하려면 그 두께가 수 밀리미터는 되어야 한다.

그렇다면 왜 모든 평면 패널 TV에 OLED 화면을 사용하지 않을까? LCD에 비해 여전히 제작비용이 훨씬 크기 때문이다. 또한 OLED에서 파란색을 나타내는[14] 분자는 시간이 지남에 따라 분해되는 경향이 있으므로 더 좋은 분자가 발견될 때까지는 불편을 감수할 수밖에 없다. 더구나 OLED에 있는 유기분자는 물과의 반응성이 좋지 않다. 이는 벽걸이 TV보다 스마트폰에서 골칫거리가 된다. 그럼에도 유기분자의 큰 장점은 티셔츠에 하듯이 잉크젯 인쇄 기술이나 실크 스크린 기술로 넓게 바를 수 있다는 것이다. 액정 막을 가두기 위해 무겁고 단단한 유리가 필요하지 않으므로, OLED 화면은 플라스틱판 위에 인쇄해서 둥글게 말아 뒷주머니에 넣어둘 수도 있다. 혹은 옷이나 특이한 표면에 직접 화면을 인쇄할 수도 있다. 이뿐만 아니라 여러 가지 다양한 분야에서 관련 연구가 진행됨에 따라 한때 공상과학 소설에서나 나올 법하게 여겨졌던 것이 현실에서 아주 흔해질 것이다.

오후 10시

◇◇◇◇◇◇◇

A는 잠시 뉴스를 본 다음 침대에 자리를 잡고 채널을 바꾸다가 익숙한 옛날 영화를 발견한다. A가 가장 좋아하는 영화 중 하나인 〈백투더 퓨처Back to the Future〉(1985)의 마지막 부분이 나오는 중이다. 빛이 번쩍하는 순간 주인공 마티와 여자친구 제니퍼 앞에 타임머신인 들로리언이 나타나자 두 사람은 놀란다. 브라운 박사는 미래의 의상을 입은 채 차에서 내린다. 브라운 박사는 마티와 제니퍼에게 자기와 함께 2015년으로 가자고 하면서 유기물과 무기물(즉 쓰레기)을 사용하여 타임머신의 연료를 채운다. 박사가 연료를 넣는 곳은 차의 후드에 부착된 '미스터 퓨전'의 원자로 내부다. 마티와 제니퍼가 차에 타고 박사가 운전석에 앉자 마티는 차를 후진시켜야 한다고 말한다. 시속 142킬로미터(타임머신 기능이 활성화되는 속도)까지 속도를 올리기에는 도로가 짧기 때문이다. 들로리언이 **하늘을 나는 자동차**로 변신하는 순간 (2015년에 아무도 쓰지 않았던) 미래의 선글라스를 쓰면서 박사는 이렇게 말한다.

"길? 우리가 가는 곳에 길은 필요 없어."

◇◇◇◇◇◇◇

21세기에 들어선 지 꽤 지났는데도 하늘을 나는 차가 없는 이유는 물리적 이유와 화학적 이유가 있다.*

물리적 제약은 에너지 보존의 법칙에서 비롯한다. 자동차는 무거운 물체다. 따라서 땅 위로 몇 미터만 들어 올린다고

해도 위치에너지를 1만 5,000줄(에너지와 일의 단위인 '줄Joule'
을 뜻하며, 기호는 'J'임 – 옮긴이)만큼 증가시켜야 한다. 참고로 시
속 160킬로미터로 날아가는 강속구의 운동에너지는 140줄
이다. 차량을 들어 올려서 기존의 도로나 고속도로로부터 완
전히 분리된 존재가 되게 하려면 야구공보다 100배가 넘는
에너지가 필요할 것이다. 그리고 이것도 차량을 단순히 들어
올렸다가 주차하는 데 필요한 에너지에 불과하다.

차량을 공중에 뜬 상태로 유지하려면 계속해서 아래로 미
는 힘을 가해야 한다. 그렇게 하면 뉴턴의 제3법칙(힘은 양방
향으로 작용한다) 덕분에 차량은 중력을 거스르고 위로 향하게
된다. 이는 들로리언이 약 1.5톤의 힘을 쉬지 않고 아래로
밀어야 한다는 뜻이다. 이런 힘의 공급을 중단하면 즉시 중
력에 의해 땅으로 되돌아가는 가속운동을 할 것이다. 이 정
도의 힘을 어떻게 만들지는 앞에서 언급한 적이 있다. 바로
내연기관 제트엔진을 사용하는 것이다. 제트엔진 하나가 자
동차를 받쳐줄 정도의 추진력쯤은 쉽게 제공할 수 있다. 상

---

*   여기서 말하는 하늘을 나는 자동차는 수직 이착륙 기능이 있는 자동차로서, 접는 날
개가 있어서 근본적으로 작은 비행기라고 할 수 있는 것이 아니다. 이런 작은 비행기
는 실제로 존재하긴 하지만, 공상과학 영화나 만화책에서 오랫동안 실현 가능성이 있
다고 묘사한 자동차는 아니다.

상 속의 비행 자동차에는 대부분 제트엔진 네 개가 타이어가 위치한 곳에 있다. 비행 자동차의 제트엔진은 요즘 비행기에 사용하는 것보다는 훨씬 작을 것이다. 하지만 여기서는 그 대신 엔진 수가 네 개라는 점을 고려한다. 영화에 등장하는 비행 자동차는 우리가 흔히 보는 내연기관 자동차보다 조용하다. 하지만 실제로는 자동차에 제트엔진 네 개를 부착한다면 그 소음은 비행에 심각한 집중력 방해 요인이 될 것이므로 최고급 소음 방지 헤드폰이 필요할 것이다. 게다가 제트엔진의 배기가스를 직접 들이마셔야 할 보행자도 썩 즐겁지는 않을 것이다.

그런데 날아다니는 자동차를 만들 수 없는 화학적 한계가 한 가지 더 있다. 좀 전에 언급했듯이, 자동차를 하늘에 뜬 상태로 유지하는 데는 상당한 양의 에너지가 소모되므로, 자동차는 그 에너지원을 가지고 다녀야 한다.** 평범한 자동차와 마찬가지로 여기에서도 핵심 쟁점은 에너지 밀도다.[15] 즉 축적된 화학 위치에너지를 킬로그램당 얼마나 많이 가지고 다닐 수 있는가에 관한 것이다.[16]

** 영화 〈백투더 퓨처〉 시리즈에서는 이 에너지 제약을 인정해서 줄거리의 상당 부분을 타임머신을 작동시키기 위해 (플루토늄이나 번개 형식의) 에너지를 얻는 데 할애한다.

〈백투더 퓨처〉에서 날아다니는 자동차는 미스터 퓨전이란 기기를 통해 유기 폐기물을 에너지로 전환한다. 바나나 껍질이나 맥주와 같은 유기 물질은 대체로 물로 이루어져 있다. 그리고 물 분자에 있는 수소 원자 가운데는 핵에 여분의 중성자가 들어 있는데, 강한 핵력을 통해 결합한 이런 수소를 '중수소'라고 한다. 수소 대신 중수소가 있는 H_2O 분자는 '중수'라고 부른다. 중수소 핵 두 개가 융합되어 양성자 두 개와 중성자 두 개로 이루어진 더 큰 하나의 핵이 되면 이것이 곧 헬륨 핵이다.[17] 헬륨 핵의 질량은 중수소 핵 두 개보다 조금 적고, 융합 과정에서 ($E=mc^2$에 의해) 초과 방사선은 거의 없이 상당한 양의 에너지가 방출된다. 이런 핵융합은 태양의 중심에서 일어나고, 태양 에너지의 근원이다(지구에서는 수소폭탄의 형태로 재현되었다). 부엌 싱크대 크기의 작은 기기 안에 이와 동일한 효과를 일으킬 수만 있다면 우리는 진정한 의미의 미래에 살게 될 것이고, 우리의 생활 속에서 변화될 것 중에서 가장 먼저 날아다니는 자동차가 있을 것이다.

하늘을 나는 자동차가 연료 공급 장치에 지니고 다닐 수 있는 에너지의 양뿐만 아니라 에너지를 활용하는 속도도 중요하다. 동력은 에너지와 같은 개념이 아니라 '에너지를 전

그림 7 **바퀴 위치에 네 개의 소형 제트엔진을 부착한 비행 자동차**

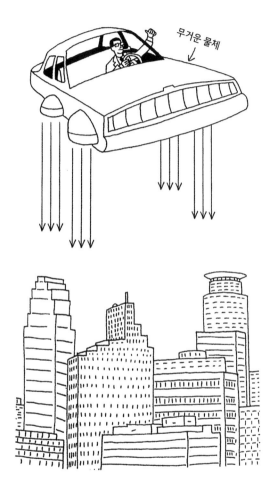

무거운 물체

환하거나 사용하는 속도'의 척도이다.

하늘을 나는 차가 구현된다면, 에너지를 신속하게 공급하는 기능이 중요하다. 공기가 희박해져 항력이 감소하는, 고도가 9킬로미터가 넘는 곳까지 솟아오르는 비행기와는 달리, 날아다니는 차는 경로에 있는 공기를 밀어내기 위해 상당한 에너지를 쏟아부어야 한다. 게다가 아래쪽으로 당기는 힘인 중력을 상쇄할 상승력을 더해주어야 하고, 실제로 비행기를 목적지까지 날아갈 힘까지 남아 있어야 한다. 날아다니는 차에 가장 어울릴 만한 전력 공급 방식은 킬로그램당 에너지가 높은 수소 가스와 저장이 쉬운 경량 리튬 전지를 조합하는 것이다. 사람들의 하루 일상에서 (그리고 이 책에서) 여러 번 등장하는 어느 기기의 연구개발로 인해 에너지 축적과 동력 전달 문제 해결에 돌파구가 마련될 수도 있다. 그 기기는 바로 우리가 일상에서 마주치는 갖가지 기술의 기반이 되어온 축전기다.

리튬 전지에서 전기 에너지를 공급하는 이온은 원자의 운동을 수반하는 화학반응을 통해 만들어진다. 리튬 이온은 크기가 작지만, 그 무게는 전자 하나 무게의 1만 2,000배나 된다. 축적된 전하를 이온과 연관 짓는 대신, 무거운 핵을 제거해 버리고 경량 전자를 사용해서 전기 에너지를 축적하는 편이 훨씬 효율적일 것이다. 축전기가 하는 일이 바로 이런 것이고, 축전기에 저장된 전하로부터 전류를 끌어내면 전기 신호가 빛의 속도에 육박할 정도로 빠르게 움직인다는 장점이 더해진다. 이런 속도는 리튬 전지 전극을 충전해주는 화학반응보다 훨씬 빠르다. 따라서 축전기에 의해 전달되는 동력(즉 에너지 공급 속도)은 매우 크다.

축전기의 약점은 저장할 수 있는 에너지의 총량이다. 최근까지도 축전기로 발생시킬 수 있는 최대 에너지 밀도(J/kg)[18]는 리튬이온 전지 최대치의 1,000분의1이었다. 다시 말해 축전기는 배터리보다 방전이나 충전이 훨씬 빠르기는 해도, 하늘을 나는 자동차(심지어 일반 자동차라고 해도)의 전력 공급원으로는 적절하지 않았다.

현재 개발 중인 신형 축전기 덕분에 이런 상황이 완전히 바뀔 수도 있다. 저장할 수 있는 전하량이 극도로 높아진 '슈퍼 축전기'에는 아주 얇은(약 0.1밀리미터) 탄소막이 입혀져 있다. 화학 기술을 이용해 거칠게 만든 이 탄소는 표면이 매끄럽고 균등하지 않고 틈이 많은 영국식 머핀의 내부처럼 보인다. 이런 탄소를 '활성화되었다'라고 일컫는데,[19] 이는 축전기에 전하를 축적하는 과정처럼, 물질의 표면 위에서 진행되는 모든 과정이 표면 위에 반응할 수 있는 공간을 더욱 많이 배치함으로써 극도로 개선될 것이라는 뜻이다. 활성화된 표면이 있는 축전기의 실질적인 표면적은 매끄러운 금속판에 비해 1만~10만 배에 이르므로, 축적된 전하의 밀도는 이에 상응하여 증가한다. 게다가 활성화된 탄소를 입힌 금속판 사이의 공간은 전해질 즉 양전하와 음전하를 띤 이온이 들어 있는 유체로 채워진다. 이온 전하를 금속판 바로 옆에 쌓아놓음으로써, 전해질이 충전된 판의 실질적인 간격을 대략 원자 하나의 길이 정도로 감소시켜 축전기의 전기장을 크게 증가시킨다. 이런 기기는 비슷한 크기의 일반 축전기보다 이론상 1,000만 배가 넘는 에너지를 저장할 수 있으므로 '울트라 축전기' 또는 '슈퍼 축전기'로 부른다.[20]

슈퍼 축전기의 기본적인 물리적 원리는 1960~1970년대부터 잘 알려져 왔지만, 1990년대 재료과학의 발전으로 그 출력 밀도는 (육지에서 다니는) 자동차 사용에 필요한 수준에 근접하게 되었다. 최신 슈퍼 축전기는 에너지 밀도가 리튬이온 전지의 대략 5퍼센트이고, 그 에너지를 1초 이내에 전달할 수 있다. 그 출력 밀도 즉 무게를 기준으로 전달되는 에너지의 일률은 6,000W/kg이다(이에 비해 리튬이온 전지는 300W/kg이다). 슈퍼 축전기는 몇 초 내에 충전할 수 있는 데 비해 평범한 리튬 전지는 몇 시간이 걸린다. 이 축전기에서는 화학반응이 일어날 일이 없으므로 단자의 성능 저하가 없고, 이와 같은 전하 축적 기기의 수명은 이것이 동력을 전달했던 자동차나 트럭의 수명을 능가한다.

교통수단의 주된 동력원 역할을 할 정도까지는 아니지만, 폭발적인 동력이 필요한 특정한 상황에서는 슈퍼 축전기를 이미 사용하고 있다. 예를 들어, 버스와 트럭이 언덕을 오를 때 급가속이 필요한 경우나, 제트기에서 비상출입문을 급하게 열어야 하는 경우다. 가능성이 아주 높아 보이지는 않지만, 이런 기기에 에너지가 충분히 저장될 수만 있다면, 무지막지한 교통체증을 빚는 도로로부터 우리가 진정한 자유를 쟁취하는 날이 올지도 모른다.

* * *

A는 하루 종일 물리학 원리를 바탕으로 살았다. 그 원리에는 아주 오래된 것이 있고 아주 새롭고 참신한 것도 있다. 에너지 보존의 법칙은 우리 삶의 모든 면을 지배한다. 그 못지않게 중요한 것은 전자기학의 기초 원리다. 이 원리에 따르면 전류는 자기장을 만들어내고, 변화하는 자기장은 전류를 유도한다. 원자 크기의 물질과 빛의 특성에 관한 연구가

양자역학의 발전으로 이어졌고, 이에 따라 화학과 고체 물리학을 효과적으로 응용하는 것이 가능해졌다. 이런 기본 개념이 온종일 여러 번 여러 번 사용되면서 A의 하루를 결코 평범하지 않은 날이 되도록 도와준다.

오후 10시 30분

◇◇◇◇◇◇◇

A는 리모컨으로 OLED 평면 패널 TV를 끈다. 스마트폰 액정 화면의 터치스크린을 두드리며 내일 아침 알람 시간이 제대로 설정되었는지 확인한다. 집으로 돌아가는 비행기를 타려면 시간이 넉넉하게 있어야 하기 때문이다. A는 알람 소리로 휴대폰 메모리에 저장된 멜로디 가운데 하나를 선택한다. 클라우드에서 다운받은 노래의 한 소절이다. 영화에 나온 하늘을 나는 자동차를 계속 떠올리던 A는 과학자들이 우리 삶의 질을 높여주는 것을 더 많이 연구하면 좋겠다고 생각하면서 서서히 잠이 든다.

◇◇◇◇◇◇◇

감사의 말

우리가 일상적으로 이용하는 첨단기기의 기반이 되는 기초 물리학을 설명하는 책에 관한 아이디어는 크라운출판사의 편집자인 로저 숄의 제안으로 시작됐다. 그 결과물이었던 장황한 원고를 재능이 넘치는 도메니카 알리오토가 맡게 되었고, 도메니카는 원고의 상당량을 줄여달라고 요구했다. 누군가가 겪는 가상의 하루를 쫓는 내용으로 책을 재구성하자고 제안했던 사람도 도메니카였다. 도메니카는 '줄거리가 있는 물리학'이란 용어를 고안해서 책의 구조를 표현했다. 도메니카가 자리를 비우게 되었을 때는 클레어 포터가 편집 업무를 인계받아 책의 완성을 도왔다. 위의 편집자 세 명과 사려 깊게 도와준 교열 담당자 로렌스 크라우저에게 진심으로 감사한다. 다만 이렇게 재능 있고 헌신적인 여러 사람들이 매달려 작업해야 했다는 사실이 내 글의 상태가 우려할 만한 것이었음을 드러냈다고 털어놓아야겠다. 또한 내 에이전트 제이 맨델에게 고맙다는 인사를 안 할 수 없다. 제이는 이 모험을 시작하게 한 장본인이고, 지난한 이 여정 내내 나를 대폭 지원해 주었다.

이 책을 쓰는 즐거움 중 하나는, 책 속 등장인물인 A가 겪는 다양한 사례를 내가 직접 해보면서 내 자신을 관찰하는 일이었다. 그러면서 나는 우리 주변에 흔히 보이면서도 그간 거의 주목하지 않았던 첨단기술을 살펴보았다. 그런 다음 이 첨단기기들이 작동하는 방식을 분석할 기회를 얻고 더 깊이 있게 이해할 수 있었다. 이 책에서 언급한 여러 기기를 연구할 때 첫 단계는 대개 루이스 블룸필드 교수의 뛰어난 저서 《모든 것의 작동 방식How Everything Works》을 책장에서 꺼내는 일이었다. 그 다음으로는 www.howstuffworks.com과 www.explainthatstuff.com에 접속하는 것이었다. 또한 동료들과의 대화에서 많은 도움을 받았는데, 그 동료 중에 존 브로드허스트, 폴 크로웰, 미셸 잰슨, 크리스 킴이 특히 도움을 주었다. 브라이언 스키너와 C. C. 황은 몇몇 기기와 관련된 글 내용에 관한 조언을 해주었고, E. 댄 달버그, 애런 윈빈, 덕 코어스, 캐롤린 코어스는 고맙게도 집필 중인 원고 전체를 검토해 주었다. 이들의 참여 덕분에 이 책의 완성도가 크게 높아졌다. 물론 실수나 혼란스러운 내용은 전적으로 내 책임이다.

아내와 가족들에게 입은 은혜가 커서 평생 갚아도 부족할 것 같다. 아내인 테리즈는 날 격려해주고 지지해주고 인내해 주었다. 이 책을 쓸 수 있었던 것도 다 아내 덕택이다. 집필 과정 내내 아내가 준 영감과 의견은 꼭 필요한 것이었고, 난 아내의 사랑에 매일 감사하며 산다.

여보, 이제 그 걷기 여행 같이 갑시다.

주

1장 하루의 시작

1   Paul A. Tipler and Gene Mosca, *Physics for Scientists and Engineers,* 6th
     ed. (W.H Freeman, 2007) 465-74

2   Roger A. Hinrichs and Merlin Kleinbach, *Energy: Its Use and the
     Environment,* 3rd ed. (Brooks/Cole, 2002), 358-67

3   Paul Horowitz and Winfield Hill, *The Art of Electronics*, 2nd ed.
     (Cambridge University Press, 1989). 885-86

4   Dominique Flechon, *The Mastery of Time: A History of Timekeeping, from
     the Sundial to the Wristwatch: Discoveries, Inventions, and Advances in
     Master Watchmaking,* (Flammarion, 2012).

5   Maggie Koerth-Baker, *Before the Lights Go Out: Conquering the energy
     Crisis Before it Conquers Us,* (John Wiley and Sons, 2012)], 10

6   Bernard Jaffe, *Piezoelectric Ceramics*, (Academic Press, 1971); Louis
     Bloomfield, *How Everything Works, 5th ed.* (John Wiley and Sons, 2007),

300

7   Alvis J. Evans, Basic Digital Electronics (Master Publishing, 1996), 24-26

8   노트북이나 일반PC에는 스마트폰보다 훨씬 빠른 중앙처리장치(CPU)가 있으며 그것을 가동시키기 위해서는 많은 에너지가 필요하다. 스마트폰을 설계하는 데 있어서 반드시 필요한 부분 중 하나는 배터리 사용 시간을 연장하기 위해 최대한 에너지는 적게 사용하도록 하는 것이다.

9   Bloomfield, *How Everything Works,* 426

10   Bruno L. Giordano and Stephen McAdams, "Sound Source Mechanics and Musical Timbre Perception: Evidence from Previous Studies," Journal of the *Acoustical Society of America 121,* 2384 (2007); D. Murray Campbell, "Evaluating Musical Instruments," *Physics Today* 67 (April, 2014) 35-40

11   Tipler Mosca, *Physics for Scientists and Engineers. 1004-1006*

12   Bloomfield, *How Everything Works, 225*

13   Joseph J. Provost, Keri L. Colabroy, Brenda S. Kelley and Mark A. Wallert, *The Science of Cooking: Understanding the Biology and Chemistry Behind Food and Cooking* (John Wiley & Sons, 2016), 198-217

14   Donald S. L. Cardwell, *From Watt to Clausius: The Rise of Thermodynamics in the Early Industrial Age* (Cornell University Press, 1971).

15   Mark W. Zemansky *Heat and Thermodynamics, 5th ed.* (McGraw-Hill, 1968), 179-85. A description of evaporation cooling is presented in James Kakalios, *The Physics of Superheroes: Spectacular Second Edition* (Gotham Books, 2009). 170-71

16   Bloomfield, *How Everything Works, 261.*

2장 시내 운전

1   Chuck Edmondson, *Fast Car Physics* (Johns Hopkins University Press, 2011), 194–200

2   같은 책, 187–91

3   Louis Bloomfield, *How Everything Works, 5th ed.* (John Wiley and Sons, 2008), 260–64

4   Gordon J. Aubrect, *Energy: Physical, Environmental and Social Impact*, 3rd ed. (Pearson Prentice Hall, 2006), 217–18

5   Edmondson, *Fast Car Physics*, 196–98

6   Patrap Misra and Per Enge, *Global Positioning System: Signals, Measurements and Performance*, rev. 2nd ed. (Ganga-Jumana, 2010)

7   Kip S. Thorne, *Black Holes and Time Warps: Einstein's Outrageous Legacy* (W. H. Norton & Co., 1995) and Pedro G. Ferreira, *The Perfect Theory: A Century of Geniuses and the Battle Over General Relativity* (Houghton Mifflin Harcourt, 2014).

8   *Wheeler Geons, Black Holes and Quantum Foam* (W.W. Norton & Co, 2000), 235 coauthored with Kenneth William Ford

9   Chad Orzel, *How to Teach Relativity to Your Dog* (Basic Books, 2012) 220–21

10   "How EZPass Works" on HowStuffWorks website, http://auto. howstuffworks.com/e-zpass.htm

11   Bloomfield, *How Everything Works*, 428–35

12   Mitchel Resnick, *Turtles, Termites and Traffic Jams: Explorations in Massively Parallel Microworlds* (MIT Press, 1994); Tom Vanderbilt, *Traffic: Why We Drive the Way We Do (and What It Says About Us)* (Knopf, 2008). Dirk Helbing, "Traffic and Related Self-Driven Many-

Particle Systems," *Reviews of Modern Physics*, 73, 1067 (2001) and references therein.

13   이런 내재적인 교통 체증으로 인한 비용은 정말 엄청날 수 있다. 텍사스 교통연구소Texas Transportation Institute의 2011년 〈도시 기동성 보고서〉에 따르면, 교통체증이 미국 경제에 미치는 영향력은 대략 1년에 1천억 달러로 추정된다고 한다. 이는 통근자 1인당 750달러에 해당하는 액수다.

14   B. S. Kerner and P. Konhauser, "Cluster Effect in Initially Homogeneous Traffic Flow," *Physical Review E* 48, R2335 (1993); Kai Nagel and Maya Paczuski, "Emergent Traffic Jams," *Physical Review E* 51, 2909 (1995); H. Y. Lee, H.-W. Lee ad D. Kim, "Origin of Synchronized Traffic Flow on Highways and Its Dynamic Phase Transition," *Physical Review Letters* 81, 1130 (1998); B. S. Kerner, "Experimental Features of Self-Organization in Traffic Flow," *Physical Review Letters* 81, 3797 (1998).

15   Robert E. Chandler, Robert Herman and Elliott W. Montroll, "Traffic Dynamics: Studies in Car Following," *Operations Research* 6, 163 (1958).

16   *International Workshop on Traffic and Granular Flow* held every two years for the past two decades)

17   Takashi Nagatani, "Traffic Jams Induced by Fluctuation of a Leading Car," *Physical Review E* 61, 3534 (2000).

18   Junfang Tian, Rui Jiang, Geng Li, Martin Treiber, Bin Jia and Chenqiang Zhu, "Improved 2D Intelligent Driver Model in the Framework of Three-Phase Traffic Theory Simulating Synchronized and Concave Growth Patterns of Traffic Oscillations," *Transportation Research Part F: Traffic Psychology and Behavior* 41, 55 (2016).

19   J. C. Toomay and Paul J. Hannen, *Radar Principles for the Non-Specialist*, 3rd ed. (SciTech Publishing, 2004)

20   Barry Parker, *The Physics of War: FroSurvey m Arrows to Atoms*,

(Prometheus Books, 2014). 241-42

21 Mark Fischetti, "Open Sesame," *Scientific American*, Jan. 2005.

22 Bloomfield, *How Everything Works, 430*

23 Matt Lake, "How It Works: Remote Keyless Entry: Staying a Step Ahead of Car Thieves," *New York Times*, June 7, 2001.

3장 병원

1 David Macaulay, *The Way Things Work* (Houghton Mifflin Company, 1988). 65

2 Lauren Anderson, "How It Works: World's Fastest Elevator," *Popular Science*, April 2012.

3 같은 책

4 Louis Bloomfield, *How Everything Works* (John Wiley and Sons, 2008). 123

5 Andrew Blum, *Tubes: A Journey to the Center of the Internet*, (HarperCollins, 2012). 29-30, 49-55

6 Barry M. Lunt, *Marvels of Modern Electronics: A Survey* (Dover, 2013). 173-75

7 John R. Pierce, *An Introduction to Information Theory: Symbols, Signals and Noise*, 2nd rev. ed (Dover, 1980).

8 Jiun-Haw Lee, David N. Liu and Shin-Tson Wu, *Introduction to Flat Panel Displays* (Wiley, 2009).

9 Mark W. Zemansky *Heat and Thermodynamics,* 5th ed. (McGraw-Hill, 1968). 9-14

10   Guy K. White, *Experimental Techniques in Low-Temperature Physics*, Third Edition (Oxford Science Publications, 1979). 83-122

11   D. K. C. MacDonald, *Thermoelecticity:An Introduction to the Principles* (Dover Books, 2006); Guy K. White, *Experimental Techniques in Low-Temperature Physics*, Third Edition (Oxford Science Publications, 1979). James Kakalios, *The Amazing Story of Quantum Mechanics* (Gotham, 2010)

12   Robert Eisberg and Robert Resnick, *Quantum Physics of Atoms, Molecules, Solids, Nuclei and Particles*, 2nd ed. (John Wiley and Sons, 1985). 40-43

13   William H. Zachariasen, *Theory of X-Ray Diffraction in Crystals* (Dover, 1967)

14   Jerrold T. Bushberg, J. Anthony Seibert, Edwin M. Leidholdt Jr., John M. Boone, *The Essential Physics of Medical Imaging*, 3rd ed. (LLW, 2011). 312-75

15   Marveen Craig, *Essentials of Sonography and Patient Care*, Third Edition (Saunders, 2012); James A. Zagzebski, *Essentials of Ultrasound Physics* (Mosby, 1996).

16   Robert Eisberg and Robert Resnick, *Quantum Physics of Atoms, Molecules, Solids, Nuclei and Particles*, 434-37

17   Barry Parker, *Quantum Legacy: The Discovery That Changed Our Universe* (Prometheus Books, 2002), 46-50

18   Dominik Weishaupt, Victor D. Koechli and Borut Marincek, *How Does MRI Work? An Introduction to the Physics and Function of Magnetic Resonance Imaging* (Springer, 2008). James Kakalios, *The Amazing Story of Quantum Mechanics* , 227-33

19   Simon Walker-Samuel et al., "In Vivo Imaging of Glucose Uptake and Metabolism in Tumors," Nature Medicine 19, 1067 (2013)

1   "Carbon Paper" on the *How Products Are Made* website, http://www.
     madehow.com/Volume-1/Carbon-Paper.html#ixzz4IkE9h9fE and Kevin
     Laurence, "The Exciting History of Carbon Paper!," http://www.
     kevinlaurence.net/essays/cc.php

2   Robert C. O'Handley, *Modern Magnetic Materials: Principles and
     Applications* (John Wiley & Sons, 2000), 674-77; Barry M. Lunt, Marvels
     of Modern Elctronics: A Survey(Dover, 2013) 150-52. Thomas Norman,
     Electronic Access Control (Butterworth-Heinemann, 2011). 53-54

3   T. R. Reid, *The Chip: How Two Americans Invented the Microchip and
     Launched a Revolution* (Simon and Schuster, 1985), 121-27. *The
     Unbeatable Squirrel Girl* no. 11, written by Ryan North and drawn by
     Jacob Chabot and Erica Henderson (Marvel Comics, Oct. 2016).

4   Jagadeesh S. Moodera, Guo-Xing Miao and Tiffany S. Santos, "Frontiers
     in spin-polarized tunneling," *Physics Today* (April 2010).

5   Roy Want, "RFID – A Key to Automating Everything," *Scientific
     American*, August 2008.

6   Geoff Walker, "A Review of Technologies for sensing location on the
     surface of a display," *Journal of the Society for Information Display* 20, 413
     (2012).

7   Paul A Tipler and Gene Mosca, *Physics for Scientist and Engineers*, 6th
     ed.(W. H Freeman, 2007) 802-806

8   Walker, "A Review of Technologies"

9   H. J. J. van Boort and R. Groth, "Low Pressure Sodium Lamps with
     Indium Oxide Filter," *Phillips Tech. Review* 29, 17 (1968); Mamoru
     Mizuhashi, "Electrical Properties of Vacuum-Deposited Indium Oxide
     and Indium Tin Oxide Films," *Thin Solid Films* 70, 91 (1980).

10   Stuart F. Brown, "Hands-On Computing," *Scientific American*, July 2008.

11   Lunt, *Marvels of Modern Electronics: A Survey*, 202-207.

12   광섬유 케이블에서는 빛이 원통형 중심부를 빛이 이동하는데, 이 중심부는 굴절률이 낮은 껍질('클래딩cladding'이라고도 한다)로 둘러싸여 있다. 이 굴절률을 신중하게 선택한다면, 빛은 표면과 이루는 각도와 상관없이 중심부·클래딩 접점에서 반사된다. 레이저처럼 광선이 직선으로 진행하는 빛은 케이블이 휘어지거나 꺾이는 횟수가 몇 번인지와 상관없이 클래딩에서 팅겨 나와 중심부 광섬유를 따라 전송된다. Ben G. Streetman and Sanjay Banerjee, *Solid State Electronic Devices*, 5th ed. (Prentice Hall, 2000) 392-94.

13   Marshall Brain, *MORE How Stuff Works*, (Wiley, 2002) 291-93

14   David Macaulay, *The Way Things Work* (Houghton Mifflin Company, 1988). 323

15   R. Appleby, "Passive Millimetre-Wave Imaging and How It Differs from Terahertz Imaging," *Phil. Trans. Royal Soc. London A* 362, 379 (2004).

16   Paul A. Tipler and Gene Mosca, Physics for Scientists and Engineers, Vol. 1, 6th ed. (W. H. Freeman, 2007). 1041

17   James Kakalios, *The Amazing Story of Quantum Mechanics* (Gotham, 2010). 175-78

18   John Rowlands and Safa Kasap, "Amorphous Semiconductors Usher in Digital X-Ray Imaging, *Physics Today*, Nov. 1997; Yoshihiro Izumi and Yasukuni Yamane, "Solid-State X-Ray Imagers," *MRS Bulletin*, Nov. 2002; Martin Niki, "Scintillation Detectors for X-rays," Measurement Science and Technology 17, R37 (2006)

19   Rowlands and Kasap "Amorphous Semiconductors Usher in Digital X-Ray Imaging"

20 G. A. Eiceman, Z. Karpas and Herbert H. Hill Jr., *Ion Mobility Spectrometry,* 3rd ed. (CRC Press, 2016).

21 Abu B. Kanu, Prabha Dwivedi, Maggie Tam, Laura Matz and Herbert H. Hill Jr., "Ion Mobility-Mass Spectrometry," *Journal of Mass Spectrometry* **43**, 1 (2008).

5장 비행기

1 리튬 기반 전지는 여러 논문을 저술한 훌륭한 물리화학자 길버트 루이스Gilbert Lewis가 1912년에 처음 개발했다. 하지만 상업성을 인정받은 리튬 기반 전지는 다른 알칼리 금속, 그중에서도 특히 칼륨이 다루기 쉬운 것으로 알려지면서 1970년대에 이르러 엑손Exxon의 연구원들이 개발했다. 가볍고 휴대 가능한 전력을 필요로 하는 전자제품이 빠르게 증가한 것이 충전식 리튬 기반 전지의 성능을 향상하는 연구의 원동력이 되었다. 이 연구에서는 리튬 기반 전지의 안전성 확보가 중요한 초점이었다. Louis Bloomfield, *How Everything Works*, 5th ed.(John Wiley & Sons, 2008), 632-45. Seth Fletcher, *Bottled Lightning: Superbatteries, Electric Cars and the New Lithium Economy*, (Hill and Wang, 2011).

2 Isidor Buchmann, *Batteries in a Portable World: A Handbook on Rechargeable Batteries for Non-Engineers*, 4th ed.(Cadex Electronics, 2016); Thomas Reddy, *Linden's Handbook of Batteries, Fourth Edition* (McGraw-Hill Education, 2010).

3 Henry Schlesinger, *The Battery: How Portable Power Sparked a Technological Revolution*, (Smithsonian Books, 2010), 173-75; Fletcher, *Bottled Lightning*), 13-17

4 David Macaulay, *The Way Things Work* (Houghton Mifflin Company, 1988), 103, 112-13

5   Louis Bloomfield, *How Everything Works*, 168-71

6   같은 책, 173-76

7   Mark Johnson, *Photodetection and Measurement: Maximizing Performance in Optical Systems* (McGraw-Hill Education, 2003); Ben G. Streetman and Sanjay Banerjee, *Solid State Electronic Devices*, 5th ed. (Prentice Hall, 2000), 379-86

8   James R. Janesick, *Scientific Charge-Coupled Devices* (SPIE Press, 2001)

9   Andrew Blum, "Tubes: A Journey to the Center of the Internet," (HarperCollins, 2012); Prashant Gupta, A. Seetharaman and John Rudolph Raj, "The Usage and Adoption of Cloud Computing by Small and Medium Businesses," *Int. Journal of Information Management* 33, 861 (2013).

10   Vaclav Smil, *Energies: An Illustrated Guide to the Biosphere and Civilization* (MIT Press, 1999), 200

11   Matt McKinney, "Selling the Cold, Minnesota's Tech Community Welcomes Data Centers," *Minneapolis Star Tribune*, Dec. 13, 2014.

12   James Glanz, "Google Details, and Defends, Its use of Electricity," *New York Times*, September 8, 2011; though Google's carbon footprint is scheduled to change: Suentin Hardy, "Google Says Data Centers Will Run Entirely on Renewable Energy by 2017," *New York Times*, December 7, 2016.

13   Paul A. Tipler and Gene Mosca, Physics for Scientists and Engineers, Vol. 1, 6th ed. (W. H. Freeman, 2007), 502-503

14   S. J. Elliott and P. A. Nelson, "Active Noise Control," *IEEE Signal Processing Magazine*, pp.12, Oct. 1993; Scott D. Snyder, Active Noise Control Primer (Modern Acoustics and Signal Processing), (Springer, 2000), 3-5

15   Robert Eisberg and Robert Resnick, *Quantum Physics of Atoms, Molecules, Solids, Nuclei and Particles*, 2nd ed. (John Wiley and Sons, 1985), 272–78, 434-37.

16   David Scott, "At Last, Maglev Goes Public: Britain's Flying Train," *Popular Science*, Oct. 1984; Scott R. Gourley, "Track to the Future," *Popular Mechanics* (May 1998); Hyung-Suk Han and Dong-Sung Kim, *Magnetic Levitation: Maglev Technology and Applications* (Springer Tracts on Transportation and Traffic, 2016).

6장 프레젠테이션

1   Barry M. Lunt, *Marvels of Modern Electronics: A Survey* (Dover, 2013), 23-32

2   D. Kahng and S. M. Sze, "A Floating-Gate and Its Application to Memory Devices," *The Bell System Technical Journal* 46, 1288 (1967); R. Bez, E. Camerlenghi, A. Modelli and A. Visconti, "Introduction to Flash Memory," *Proceedings of the IEEE* 91, 489 (2003). James Kakalios, *The Amazing Story of Quantum Mechanics* (Gotham, 2010), 216-18

3   Robert C. O' Handley Modern magnetic Materials: Principle and Applications (John Wiley& Sons, 2000). 674-721; Lunt, Marvels of Modern Electronics : A Survey, 153-56

4   Robert Eisberg and Robert Resnick, *Quantum Physics of Atoms, Molecules, Solids, Nuclei and Particles*, 2nd ed. (John Wiley and Sons, 1985), 205-209

5   H. Richard Crane, *How Things Work* (American Association of Physics Teachers, 1996), 18-19

6   Dan A. Hays, "How Does a Photocopier Work?", *Scientific American*, March, 2003.

7   Kakalios, *The Amazing Story of Quantum Mechanics*, 198-201

8   David Owen, "Copies in Seconds," *The Atlantic Monthly*, Feb. 1986.

9   Marshall Brain, *MORE How Stuff Works*, (Wiley, 2002), 232-33

10   S. R Elliot, Physics of Amorphours Materials(Longman Scientific & Technical, 1983)

11   Ben G. Streetman and Sanjay Banerjee, *Solid State Electronic Devices*, Fifth Edition (Prentice Hall, 2000). 12-16

12   Peter J. Collings, *Liquid Crystals: Nature's Delicate Phase of Matter* (Princeton University Press, 1990).

13   Jiun-Haw Lee, David N. Liu and Shin-Tson Wu, *Introduction to Flat Panel Displays* (Wiley, 2009); Robert H. Chen, Liquid Crystal Displays: Fundamental Physics and Technology (Wiley, 2011).

14   John P. McKelvey, Solid State and Semiconductor Physics (harper& Row, 1966), 390-98, 408-16

15   Charles Kittel, *Introduction to Solid State Physics*, 7th ed. (John Wiley and Sons, 1996), 570-74

16   Nick Holonyak, "From Transistors to Lasers to Light-Emitting Diodes," *MRS Bulletin* 30, 509 (2005); Chris Woodford, *Atoms Under the Floorboard* (Bloomsbury Sigma, 2015). James Kakalios, *The Amazing Story of Quantum Mechanics,* 184-87, 207-209.

17   Winston Kock, *Lasers and Holography: An Introduction to Coherent Optics*, 2nd ed. (Dover, 1981).

18   Louis Bloomfield, *How Everything Works* 5th. ed. (John Wiley and Sons, 2007), 26-32, 475

19   Glen Ballou ed., *Electroacoustic Devices: Microphones and Loudspeakers* (Focal Press, 2009); M. D. Fagen ed., *A History of Engineering and Science in the Bell System: The Early Years (1875-1925)* (Bell Telephone Laboratories, 1975).

20   탄소 입자 마이크는 전화기 외에도 초기 라디오 방송인 1910년 뉴욕 메트로폴리탄 오페라단의 공연에서도 사용되었다. 초기 전화기는 전도성 산성용액으로 압력파를 전기적 변동으로 변환했지만, 얼마 지나지 않아, 당연한 이유로 탄소 입자 시스템으로 대체되었다. 다음을 참고. Alexander Case, "The Vocal Microphone : Technology and Practice," Physics Today, March, 2016.

21   같은 책

22   Leo L. Beranek and Tim Mellow, *Acoustics: Sound Fields and Transducers* (Academic Press, 2012), 397-400

23   Roy McWeeny, *Coulson's Valence* (Oxford University Press, 1979).

24   Michael Vollmer, "Physics of the Microwave Oven," *Physics Education* 39, 74 (2004).

25   A. Das and T. Ferbel, Introduction to Nuclear and particle Physics 2nd ed. Kenneth W. Ford, *The Quantum World: Quantum Physics for Everyone* (World Scientific, 2003), 45-50

26   George Gamow, *The Atom and Its Nucleus* (Prentice Hall, 1961), 78-81

27   Jozsef Frakas and Csilla Mohacsi-Farkas, "History and Future of Food Irradiation," *Trends in Food Science & Technology*, 22, 121 (2011).

7장 호텔

1   Jon S. Wilson, *Sensor Technology Handbook*, Vol. 1 (Elsevier, 2005), 137-53; S. Beeby, G. Ensell, M. Kraft, N. White, *MEMS Mechanical Sensors* (Artech House Inc., 2004), 175-95; O Sidek, M. N. Mat Nawi, and M. A. Miskam, "Analysis of Low Capacitive Cantilever-Mass Micro -Machined Accelerometers," *International Journal of Engineering & Technology* 10, 133(2010)

2   John G. Webster (editor), *Design of Pulse Oximeters* (CRC Press, 1997).

3   Jacob Fraden, *Handbook of Modern Sensors: Physics, Designs and Applications*, 4th ed. (Springer, 2010). 95-100. 487-91

4   Vaclav Smil, *Energy in Nature and Society: General Energetics of Complex Systems* (MIT Press, 2008), 124-27

5   A. K. Batra and M. D. Aggarwal, *Pyroelectric Materials: Infrared Detectors, Particle Accelerators and Energy Harvesters* (SPIE Press, 2013).

6   Fraden, *Handbook of Modern Sensors*, 249-54

7   Robert N. Reid, *Facility Manager's Guide to Security: Protecting Your Assets* (Fairmont Press, 2005); Thomas Norman, *Electronic Access Control* (Butterworth-Heinemann, 2011).

8   같은 책

9   Julia layton, "How Remote Controls Work," November10, 2005 http://electrinics.jpwstuffworks.com/remote.control.htm

10   Charles Kittel, *Introduction to Solid State Physics*, 7th ed. (John Wiley and Sons, 1996), 173-94

11   Robert Eisberg and Robert Resnick, *Quantum Physics of Atoms, Molecules, Solids, Nuclei and Particles*, 2nd ed (John Wiley and Sons, 1985), 422-32

12   Vaclav Smil, *Energy in Nature and Society: General Energetics of Complex*

Systems (MIT Press, 2008), 33–34

13 Eliav I. Haskal, Michael Buchel, Paul C. Duineveld, Aad Sempel and Peter van de Weijer, "Passive-Matrix Polymer Light-Emitting Displays, *MRS Bulletin*, Nov. 2002; Jiun-Haw Lee, David N. Liu and Shin-Tson Wu, *Introduction to Flat Panel Displays* (Wiley, 2009).

14 Hungshin Fu, Yi-Ming Cheng, Pi-Tai Chou and Yun Chi, "Feeling Blue? Blue Phosphors for OLEDs," *Materials Today*, 14, 472 (2011); Jeong-A Seo, Sang Kyu Jeon, Myoung Seon Gong, Jun Yeob Lee, Chang Ho Noh and Sung Han Kim, "Long Lifetime Blue Phosphorescent Organic Light-Emitting Diodes with an Exciton Blocking Layer," *Journal of Materials Chemistry C* 3, 4640 (2015)

15 Vaclav Smil, *Energy: A Beginner's Guide* (Oneworld Publications, 2006). James Kakalios, *The Physics of Superheroes: Spectacular Second Edition* (Gotham Books, 2009), 151–52

16 나무 1킬로그램에는 약 1,500만 줄의 에너지가 들어 있다(줄은 에너지 측정 단위 중 하나이다. 가볍게 산책하는 보통 사람의 운동에너지는 대략 50줄이다). 이는 큰 숫자처럼 보일 수 있지만, 석탄과 천연가스의 에너지는 나무의 두 배고, 휘발유의 에너지는 1킬로그램당 약 4,520만 줄이다. (수소 원자 두 개가 결합한) 수소 가스처럼 에너지 밀도가 더 높은 연료도 있다. 수소의 에너지는 1킬로그램당 1억 500만 줄로, 휘발유보다 에너지 밀도가 높다. 수소는 그 화학결합물에 저장된 위치에너지가 크고, 분자의 무게가 가장 적기 때문이다. 하지만 휘발유는 수소 가스보다 저장하기와 운반하기가 쉽고(따라서 더 저렴하고), 약 100년 전에 내연기관의 초기 모델에서 이것을 사용하기로 결정했다. 따라서 같은 가격이면 수소에서 두 배의 에너지를 뽑아낼 수 있지만, 이를 바꾸기란 간단한 문제가 아니다(수소 자동차의 폭발성에 대한 두려움도 또 하나의 문제인데, 휘발유 화재도 그보다 심하지는 않더라도 그 정도로 위험할 수 있다).

17   Charles Seife, *Sun in a Bottle* (Viking, 2008), 139–41.

18   B. E. Conway, *Electrochemical Supercapacitors: Scientific Fundamentals and Technological Applications* (Springer, 1999); and Hector D. Abruna, Yasuyuki Kiya, and Jay C. Henderson, "Batteries and Electrochemical Capacotors," Physics Today 61, 43 (2008)

19   Elzbieta Frackowiak and Francois Beguin, "Carbon Materials for the Electrochemical Storage of Energy in Capacitors," *Carbon* 39, 937 (2001).

20   Joel Schindall, "The Charge of the Ultra-Capacitors," *IEEE Spectrum* 44, 42 (2007); Phillip Ball, "A Capacity for Change," *MRS Bulletin* 37, 1000 (2012).

THE
PHYSICS
OF **EVERYDAY**
THINGS

소소한 일상의 물리학

초판 1쇄 인쇄 2019년 5월 27일 | 초판 1쇄 발행 2019년 6월 7일

지은이 제임스 카칼리오스 | 옮긴이 정훈직
펴낸이 김영진

사업총괄 나경수 | 본부장 박현미 | 사업실장 백주현
개발팀장 차재호
디자인팀장 박남희 | 디자인 당승근
마케팅팀장 이용복 | 마케팅 우광일, 김선영, 정유, 박세화
출판기획팀장 김무현 | 출판기획 이병욱, 강선아, 이아람
출판지원팀장 이주연 | 출판지원 이형배, 양동욱, 강보라, 전효정, 이우성

펴낸곳 (주)미래엔 | 등록 1950년 11월 1일(제16-67호)
주소 06532 서울시 서초구 신반포로 321
미래엔 고객센터 1800-8890
팩스 (02)541-8249 | 이메일 bookfolio@mirae-n.com
홈페이지 www.mirae-n.com

ISBN 979-11-6413-149-5 03400

「이 도서의 국립중앙도서관 출판시도서목록(CIP)은 서지정보유통지원시스템 홈페이지(http://seoji.nl.go.kr)와
국가자료공동목록시스템(http://www.nl.go.kr/kolisnet)에서 이용하실 수 있습니다.
(CIP제어번호: CIP2019017612)」